梦 婷 编著

当习惯成为一种自然

我们。

今日的习惯决定明天的
已经造就了今日的我们；
昨日的习惯，

起初我们造成习惯，后来习惯造就了我们。

煤炭工业出版社
·北京·

图书在版编目（CIP）数据

当习惯成为一种自然/梦婷编著．－－北京：煤炭
工业出版社，2018（2022.1 重印）

ISBN 978－7－5020－6457－0

Ⅰ.①当…　Ⅱ.①梦…　Ⅲ.①习惯性—能力培养—
通俗读物　Ⅳ.①B842.6－49

中国版本图书馆 CIP 数据核字（2018）第 015232 号

当习惯成为一种自然

编　　著	梦　婷
责任编辑	马明仁
编　　辑	郭浩亮
封面设计	浩　天

出版发行　煤炭工业出版社（北京市朝阳区芍药居 35 号　100029）
电　　话　010－84657898（总编室）
　　　　　010－64018321（发行部）　010－84657880（读者服务部）
电子信箱　cciph612@126.com
网　　址　www.cciph.com.cn
印　　刷　三河市众誉天成印务有限公司
经　　销　全国新华书店

开　　本　880mm×1230mm$\frac{1}{32}$　印张　8　字数　150 千字
版　　次　2018 年 1 月第 1 版　2022 年 1 月第 4 次印刷
社内编号　9337　　　　　　　　定价　38.80 元

前　言

习惯左右成败，这里面隐藏着人类本能的秘诀。

对于任何事情，习惯起着至关重要的作用。好习惯造就了多少辉煌的成果，而坏习惯又毁掉了多少美好的人生！习惯一旦形成，就极具稳定性，心理上的习惯左右着我们的思维方式，决定着我们的待人接物；生理上的习惯左右着我们的行为方式，决定着我们的生活起居。日常的生活本身就是习惯的反复应用，一个人在做事时往往都会按照自己习惯的方式进行，那么，如果他所持有的习惯是好的，自然就会收获好的结果，反之，如果他所持有的习惯是坏的，最终收获的结果往往只能是失败。所以，看似一个微不足道的小习惯，它往往会决定人的成败。

培根说："习惯是人生的主宰。"的确如此。良好的习惯，对个人的成长和发展有着极大的好处。不良的习惯，则像一个个黑洞，最终将我们吞噬。

古今中外，许多成功人士之所以可以创下令人难以企及的业绩，并非他的智商过人，而是因为他本身具有许多良好的习惯，而这，便成为他们攀登成功之巅的助推器。

美国总统罗斯福曾经说过："只有通过实践锻炼，人们才能够真正获得自制力。也只有依靠惯性和反复的自我控制训练，我们的神经才有可能得到完全的控制。从反复努力和反复训练意志的角度上而言，自制力的培养在很大程度上就是一种习惯的形成。"正是因为形成了良好的生活习惯，所以罗斯福才成为美国历史上一位著名的总统。

相反，如果不能克服自身的一些坏习惯，那么它定会成为成功路上的障碍。曾经有过一个著名的实验：把一只青蛙放到热水中，它会立即跳出来。但是如果把它放入冷水中然后慢慢加热，那么它只会怡然自得地待在里面。随着水温越来越高，青蛙慢慢意识到了危险。但此时，它已经没有力量跳出来了，最后只好被烫死在热水里面。坏习惯也是如此。可能开始你并没有意识到它的危害，但当它产生了明显的恶果之后，后悔也来不及了。

因此，我们必须严格要求自己，努力培养好的习惯，杜绝坏习惯。不要小看一个微小的动作，但它很可能造成严重的后果。

目 录

|第二章|

习惯养成

|第三章|

克服坏习惯

第一章

让习惯成为一种自然

积极表现自己

> 好的习惯并不是短时间内就能养成的，我们要制订一个可行的计划，随即实施并不断激励自己坚持下去，这样才能培养出让自己终身受益的好习惯。

积极地表现自己无疑会对个人发展起到很大的帮助作用。正所谓："哪里有成功，哪里就有表现。"

疯狂英语创始人李阳，曾经是一个性格非常内向、不善表现自己的人，他不敢见陌生人、不敢去看电影，甚至做理疗时仪器漏电灼伤了脸也不敢出声……

大学阶段初期，内向的李阳学习成绩简直糟糕透了。学期期末考试，他的成绩在全年级几百人中是最差的，英语好几次考试都不及格。到大学二年级时，李阳已经有很多门功课都亮起了红灯。这种情况，要求他必须改变这种状况，他首选把英语作为改变落后成绩的突破口。

开始的时候，在做了大量的习题之后，效果并不显著。一次偶然的机会，李阳发现，如果大声朗读英语，注意力会变得非常集中，于是，他便天天跑到学校人少的地方大声喊英语。4个月下来，在当年的英语四级考试中，李阳只用50分钟就做完试卷，且成绩高居全校第二名。

初尝成功喜悦的李阳，就是从那时候开始了表现自己的成功之路。他在学习的过程中发现，在大喊英语的时候，自己性格上的弱点也开始有所改变，李阳的自信也逐渐建立起来，越是自信，他便越是愿意表现自己优秀的那一面。

现如今自信的李阳，操着一口地道的美式英语，至少近亿人听过他精彩的演讲。他还应邀访问过日本、韩国，李阳的"疯狂英语"风靡亚洲各国。

孔子的儒家中庸之道，让人过于内敛，不敢张扬自我，虽然在某种意义上这是种美德，但过分压制，会磨灭豪情壮志，会失却热情。现代成功人士，应该拥有的是那种豪气干云，敢为天下先的气慨，旗帜鲜明地表现自己。

李白说，天生我才必有用。但是，即使你很有才华也需要表现出来，才能让大家了解。在不损害别人利益的前提下，表现自己，突出自己，因为只有积极地表现自己，你才能获得成功。

丹尼斯·魏特利拥有行为学博士学位，是全球最顶尖的心理学专家，也是全美最受欢迎的演讲家之一。著有畅销书《成功之本》《成功契机》。丹尼斯·魏特利成功的经验之一就是拿出自己最好的表现，让别人认识到你的价值。

在长平一战当中，秦国大胜之后，乘胜追击，包围了赵国的都城邯郸。为了解救当时的赵国，平原君奉命前往楚国求救。出发之前，平原君把众门客召集到一起，想从中挑选20人随同自己一起前往楚国。当选到第19人时，一个叫毛遂的人走上前来，对平原君说："听说您要出使楚国，要挑选20人和您一同前往，还剩最后一人，请带我去吧。"

平原君说："请问先生在我门下已经有几年了？"毛遂回答说："已经三年了。"平原君说："我听说，贤能的人在众人当中，会像把锥子放进口袋一样，他的尖锐立刻会显示出来。可先生已经在我门下有三年之久了，并没有听到有人对你进行议论，如果你今天没有站出来，都不知道先生屈居在我的门下。由此可见，先生的才能还不够啊，这次就请留下，不要一同前往了。"毛遂并没有退却的意思，他回答说："我之所以没能从口袋中突出来，是因为您从来都没有把我放到口袋当中。如果您早把我放在口袋当中的话，恐怕早就发现我了。"

平原君听完毛遂的这番话，觉得很有道理，就决定带上毛遂一起前往楚国。

到了楚国之后，楚王在鹿台上召见了平原君。可对于营救赵国的事，却迟迟没能定下。就在这个时候，毛遂跨上台阶，大声说道："出兵本来就是非利即害，非害即利，这么简单的事，为何议而不决？"楚王听完后，非常生气地问道："这人是谁？"平原君回答说："这个人叫毛遂，是我手下的一个门客。"楚王听后更加生气地说："快给我滚下去，我和你的主人说话，哪有你插嘴的份儿！"毛遂听后不但没有退下，而且还上前一步手握宝剑说："大王之所以敢在我的主人面前这样呵斥我，就是因为这是在楚国，可现在十步之内，大王的性命就在我的手中。我听说汤以七十里的地方统一了天下，周文王以百里的土地使诸侯臣服，难道他们所依靠的都是人多吗？其实是他们可以凭据自身的条件而奋发。当今天下，楚国最强大，土地方圆五千里，所有士兵也有上百万，却被区区几万士兵屡屡得胜，出兵迎战根本就是在洗刷楚国的耻辱，并不是为了赵国呀！"

毛遂的这一番话，不但让充满怒气的楚王平静了下来，而且还决定立刻发兵，营救赵国。

毛遂用行动证明了自己的聪明才智，回国后也受到了嘉奖，而他所获得的一切都是因为他适时地积极勇敢地表现了自己。

所有成功人士，对于表现自己都非常重视。拿破仑在其他方面不能算是最优秀的楷模，但他知道表现自己的实力，并且因此受益无穷。当拿破仑第一次被流放，法国军队受命捉拿他时，他不但没有跑掉或躲藏起来。相反的，他勇敢地出去迎接他们——一个人对付一支军队。而且，他掌握局势的极大信心奇迹般地生效了，因为他的行为似乎表明他期望军队服从他的指挥，所以，士兵们在他身后以整齐的步伐前进了。

很多人在表现自己的时候，缺乏信心，造成这种情况的重要原因，就是不知道该怎么表现自己。就像一位普通的技工要修理陌生的汽车发动机，他总会犹豫不决，每一个动作都表明他缺乏信心。而一位高明的技工，面对生疏机型，同样认为自己能够修好它。因此，他的每一个动作便都流露出自信，结果证明他们在动手修理的过程中，慢慢地发现了问题所在。表现自己也是同样的道理，我们越是犹豫，越是不知道该从哪里开始。

成功与表现自己是分不开的，只有积极地表现自己，你的能力才能越来越强，你离成功才会越来越近。

表现的确能使我们更容易收获成功，可有很多时候我们在表现自己的时候，没有选择好时机，这样一来不但会使我们无所收获，还有可能会失去我们原有的一些东西。不适当的表现，会让人觉得你是一个过于张扬、骄傲的人。比如，一名员工在公司总裁视察的时候，刻意表现自己，做出一副对工作极为认真的样子，希望可以引起总裁的注意，得到发展的机会。这样做是完全错误的，你不会得到领导的认可，在他们眼里你很有可能是一个狡猾的人，而且还会引起同事和上级的不满。如果你一直选用这个时机来表现自己的话，相信，你身边的人都会放弃和你交往，因为他们觉得你是一个自以为是的人。可如果我们选对了表现的时机，那得到的结果则截然不同。比如，一名员工在公司遇到困难拿不出良好的解决方案的时候，你积极提出了自己的看法和意见，并把自己所计划的解决方案及时交给了领导，从而帮助公司解决了这次困难，相对前者，这个时机会更加适合表现自己。

想要引起别人的注意，最有效的方法的确是表现自己，尤其是在这个竞争激烈的职场当中，想要让自己成为领导关注的对象，就必须要表现自己。可这并不是让我们不分时间、不分场合随意地表现。人无完人，任何人都不可能面面俱到，如果你以让自己完美的标准作为奋斗目标的话，你的人生注定会一直疲惫，并且时刻都充满压力。每个人都有自己的优点，我们千万不要将自己同他人比较，也没必要什么都胜过别人。如果你怀着要压过别人的心理去表现自己，那么无论在任何时候，你的表现只能换来别人的反感和忌恨，这是最大的失败。

谦虚做人

　　　　　养成积极表现自己的好习惯，不仅可以使我们能最大
限度实现自身的价值，同时也会让自己变得更加自信。

　　自古以来，国人就以谦虚为美德，人们有许多这方面的格言警句启迪后人。如"谦受益，满招损"，"三人行，必有我师焉"，"虚心竹有低头叶，傲骨梅无仰面花"，"百尺竿头，还要更进一步！"等。

　　谁笑到最后，谁才是最快乐的人。骄傲可能得意一时，但它的下场往往是惨痛的失败。

　　据说有一位哲学家一次乘坐渔夫的船渡江，这位哲学家在船上不断地向渔夫卖弄自己的学识：

　　"你会数学吗？"他问渔夫。

　　"不会。"渔夫边回答边摇橹。

　　"啊！你简直是太可怜了，因为不懂数学的人就相当于失去了四分之一的生命。那么，你懂哲学吗？"哲学家又开始了新的提问。

　　"也不懂。"渔夫答道。

　　"啊！我的天哪！你真是太可怜了，不会哲学的人就等于失去了一半的生命。"

　　当船行进到江的中央时，忽然来了一阵狂风，把船彻底地打翻了，哲学家和渔夫双双落到水中。这时，渔夫凭着良好的水性迅速地抓住了一截木头。

　　"你会游泳吗？"渔夫问哲学家。

　　"不会。"哲学家边挣扎边说。

　　"啊！我的上帝，还有比这更可怜的吗？不会游泳的人将会失去整个生命！"渔夫向挣扎着的哲学家喊道。

　　这时，又一个巨浪打来，可怜的哲学家立刻被湍急的江水淹没，渔夫牢牢地抱着那截木头很快地游上了岸。

　　可能有很多读者看到过这个故事，它其实具有很深的寓意，而不仅仅是一个好看的故事。在现实生活中，又有多少像哲学家那样的人，他们的目光只喜欢盯着别人的缺点，喜欢用自己的长处和别人的短处相比，对自身的缺陷却视而不见。只看到自己优点的人容易骄傲，它的后果就会像哲学家那样吃亏。

富兰克林年轻时，骄傲轻狂，不可一世。他父亲的一位挚友面对桀骜不驯的富兰克林，决心规劝他一番。

一天，他把富兰克林叫到面前，温和地对他说："富兰克林，你想想，你那不肯尊重他人意见、事事都自以为是的行为，结果将使你怎样呢？"他用慈爱的目光盯着小富兰克林，进一步启发诱导："在人家受了你几次这种难堪后，你所交往的人就会远避你，这样你就不能再从别人那里获得半点知识了。但现在你所知道的事情，老实说，还只是有限得很，其实你身边的人，很多都比你有水平，你如果一味地轻狂自大，只能让他们感觉你是真的很无知。知道吗？我的孩子！"

富兰克林听了这番话，满脸羞愧，他深深地认识了自己过去所犯的错误，并下定决心痛改前非。没过多久，富兰克林便从一个被人鄙视、拒绝交往的自负者，渐渐地转变成一个受人欢迎喜爱的人物了。可以说，他一生的事业也得益于这次转变。

如果当时富兰克林没有得到这样一位长辈的劝勉，仍旧

"老子天下第一"，事事妄自尊大，说起话来不知天高地厚，不把他人放在眼里，那么他的人生也就绝对不会如此辉煌，至少美国将会少了一位伟大总统。

莎士比亚曾说："愚笨的人往往认为自己很聪明，而聪明的人却一直认为自己很笨。"这句话值得我们深思。

三国时的杨修，是个极富才华的人，但因他处处显示自己，甚至和自己的主公曹操一比高下，最终不为曹操所容。如果杨修能稍微收敛一下自己的言行，或许还能得到曹操的重用，更不会落个扰乱军心而以正法典的下场。

无论何时，谦虚做人总是不会错的。而锋芒太露的人，往往会把自己架空起来毫无支撑，最后只能是孤家寡人，很难成就大事。

人人都喜欢与谦虚的人交往，而厌恶于与自以为是的人为伍。即使是在"自我表现"犹恐不及的今天，谦虚依然是一种为人称道的美好品德。

一个刚刚毕业的大学生，凭借着自己的文凭和在学校的出色表现，他满怀信心地给一家外企投了一份简历。过了一段时间，那家公司给他回信了："我们看了你写的简历，直言不讳，你的文章写得很差，虽然你自认为文采很好，而且语句中还有许多语法上的错误。"

"我怎么可能在简历上出错误呢？"这个年轻人面对如此尖刻的批评颇不服气。可是当他静下心来仔细查看他的简历时，确实发现有些他始终没有察觉出来的错误。

于是，他特地写了一封感谢信给这家公司，以表示对对方能够指出自己的错误表示感谢。几天后，他再次收到这家公司的信函，通知他可以上班了。

是什么成就了这个年轻人的求职梦想呢？是才能，是关系？通通都不是，是谦虚的态度。

你可曾发现，在你的周围，是否存在着这样的一些人，他们总以为别人都比自己差，大有"鹤立鸡群"的感慨。殊不知，"人外有人，天外有天"。只有认识到这一点的人，才会理解学无止境的真正含义，只有做一个谦虚的人，才能够放开眼界，从而不断吸收新知识，避免"江郎才尽"的可悲下场。如果你想跨越自己目前的成就，请不要画地自限，勇于接受挑战，充实自我，你一定会发展得比想象中更好。

而如果你要是保持着一种妄自尊大的生活态度，这将使你周围的人，个个感觉头痛。即使你是一个善于交往的人，但是你所能结交的新朋友，将远没有你所失去的老朋友多。

一个人有才能是值得让人敬佩的，如果再能保持谦虚的态度，那就更值得让人敬佩了。

奥地利精神分析学家弗洛伊德说过："所谓信念，就是行为所依据的一种中心思想，它在无形中，时刻支配自己的行为。有些人自以为是，盲目地遵守自己的原则，这就是固执己见。这种固执己见，不愿接受他人意见的人，往往都是缺乏自信而引起的心理作用。他们觉得修正自己的意见，就好像让对方给打败一样的狼狈。也因此，他们永远在心中做矛盾的挣扎与无止境的逃避。"

历史上的齐威王是一代明君，他的励精图治成就了他的霸业。"不鸣则已，一鸣惊人"这句成语说的故事就与他有关。在奸臣当道、政局动荡不安的时刻，年轻的齐威王继承了皇位。尽管他有大略雄图，但苦于时机不成熟，他做了一系列假象，隐藏了自己的锋芒。三年之后，他对身边的臣僚了如指掌，并在大臣淳于髡的帮助下，迅速地铲除了奸佞，肃清了朝纲，很快安定天下，使百姓安居乐业。如果齐威王登上皇位伊始，锋芒毕露，那么可想而知，他皇帝的位置还没坐稳就可能招致杀身之祸，更不用说以后奋发图强了。

清朝的顾炎武曾说道："张显锋芒，则超然无侣，虽鹤立鸡群，亦观于大海之鹏，方知渺然自小，又进而求之九霄之凤，则知巍乎莫及。"根底浮浅而又锋芒太露，是成不了大器的。只有建立在谦虚谨慎、永不自满基础之上的行为，才是健康的、有益的，才能真正地对自己、对家人、对社会负起责任，也才能使行为人有所作为。

《韩非子·说林上》中有这样一节文字：杨朱到宋国去，住在一家旅馆，看到旅馆老板有两个老婆，那个长得丑的受到宠爱，长得美的却受到冷淡。杨朱问这是什么缘故。旅馆的老板说："美的自认为容貌长得漂亮，我就不觉得她美了；丑的自知容貌长得丑陋，我也就不觉得她长得丑了。"这个故事堪称"满招损，谦受益"的典型例证。

感恩

> 做人要心存感激，要时刻对他人和自己说谢谢，感谢
> 自己的毅力和耐心，感谢别人的无私奉献和支持，感谢老
> 板给予你施展才能的平台。

荀子曰："自知者不怨人，知命者不怨天；怨人者穷，怨天者无志。"有自知之明的人不抱怨别人，掌握自己命运的人不抱怨天；抱怨别人的人则穷途而不得志，抱怨上天的人就不会理智进取。任何牢骚满腹、怨天尤人的举动都毫无意义，任何成功之道都不是抱怨出来的，而是通过刻苦努力一步一个脚印地走出来的。

斯蒂芬·霍金，是当代最伟大的科学巨匠，他对黑洞和宇宙的研究，奠定了人类近代宇宙观的基础，揭示了许多关于宇

宙的奥妙，他所撰写的《时间简史》在全世界行销5000万册以上，是目前销量最大的科普读物。就是这样一位科学巨匠，在他21岁时，身患卢伽雷病，全身失去知觉，只有一根手指可以动。然而，他的许多惊世之作，就是凭这根手指敲击键盘写出来的。

在一次学术报告接近尾声的时候，一位年轻的女记者问道："霍金先生，卢伽雷病使您永远固定在轮椅上，您认为命运让您失去太多了吗？"面对这个有些突兀和尖锐的问题，听众们顿时鸦雀无声，静静地等待着霍金的回答。

轮椅上，霍金的脸庞却依然充满恬静的微笑，他用那支还能活动的手指，艰难地叩击键盘。于是，随着合成器发出的铿锵有力的声音，在宽大的投影屏上缓慢而醒目地显示出如下一段文字：

我的手指还能活动，

我的大脑还能思维，

我有终生追求的理想，

有我爱和爱我的亲人和朋友，

诚会得到老板的相应奖励。你不妨给你的老板写张字条，告诉他你对工作是如何热爱与努力，并谢谢他给予你这样一个好机会。

世界上最大的悲哀或不幸就是一个人大言不惭地说："没人给过我任何东西！"这种人无论是穷人或富人，他们的灵魂一定是贫乏的，他们的心灵绝不富足。我们常常看到的是对苦难的漠视、对民意的蔑视和对良知的背弃。

故此，不要忘记你周围的人，你的老板或者同事。他们了解你、支持你，你要真诚地感激他们对你工作的支持与鼓励。而且要记住，一定要当面亲口对他们说，而且还要经常说！这不仅可以给予他们更多的支持和信任，还能使公司的凝聚力增强。这种两全其美的事，何乐而不为呢？

我们常常会在不知不觉中，理所当然地享用着生活中的一切：我们常常会为一个陌生人的滴水之恩而感激不尽，却无视朝夕相处的领导的种种恩惠。我们常常像享受家庭的温暖一样享受着公司提供给我们的一切，却吝惜于自己的点滴付出。很多人因此而牢骚满腹，更谈不上尽职尽责。很多人从来没有想过，是公司为你展示了一个广阔的发展空间，是公司为你提供了施展才华的场所。

所以，在表达感激的行为中，有一种非常强大和富于生

命力的东西，这很像给电池再充电。当你敞开心灵，让你的心
为愉快而歌唱，你就能在心灵、身体、智力和日常生活的活动
中，接受精神能量的再次充电。对我们的精神来说，再也没有
比感恩更大、更强有力的激励了。感恩像强有力的磁铁，它可
以为你引来朋友、爱情、和平、快乐、健康和物质利益，还有
个人的价值实现。

　　我们应该明白，真正的感激应该是情感的自然流露，它无
须做任何掩饰，不存在任何功利性，更不是阿谀奉承或者见风转
舵。有些人虽然心里很感激老板，但他们不敢把这种真切的感情
表达出来，害怕别人的闲言碎语。这是一种愚蠢的想法！你的发
展是建立在公司的发展之上的，而公司的发展在相当程度上又是
由于老板苦心经营的结果。因而，你对老板的感激是应该的。而
你的进步，又得益于老板对你的悉心关照与批评指正。

　　感恩不花一分钱，却是一项重大的投资，对于自己的未
来极有助益。感恩是美德，常怀有感恩之心，人会变得更加谦
和而高尚。每天提醒自己，为自己能有幸成为公司的一员而感
恩，为自己拥有一切而感恩。如果你每天都能带着一颗感恩的
心去工作，相信你在工作时，心情一定是积极而愉快的，相信
你也会因此而有所成就。

主动帮助别人

> 十年的经验使我懂得，多想到别人，少想到自己，便会减少犯错。
>
> ——巴金

为别人献出自己的一份爱心，不仅会帮助别人，对自己也会起到很大的帮助。你会因此而变得更亲切，会受到更多人的欢迎，当你遇到困难时自然也会得到别人的帮助。

一个真正取得成功的人，一定是充满爱心的人，一定是乐于助人的人。我们要学会帮助别人，如果你已经取得了成功，你需要帮助别人；如果你还没能取得成功，你更需要帮助别人。因为帮助别人就是在帮助自己，只有给予别人帮助，我们才会收获大家的支持，才会使我们成功的旅途更加顺利。

　　"要乐于帮助别人。"在我们小的时候老师就曾这样教导过我们。乐于助人是我们中华民族的传统美德，也是拥有爱心的体现。

　　晚餐过后，伯杰在自家的窗户边欣赏美丽的夕阳，就要落山的太阳照在飘过的云朵上放出了红色的光芒，眼前的景象实在是美丽极了。就在伯杰非常投入地欣赏这美丽景色的时候，一阵咳嗽声打断了他。

　　他看到在不远处公园的一条长椅子上躺着一个和自己年龄差不多的青年，他身上只穿着一件破旧的外套，凉风轻轻地吹着他那单薄的身体，这个时候的傍晚天气已经很冷了。青年人瘦小的身体一直都在发抖，相信每个人看到这一幕后都会感到难过。

　　伯杰慢慢地走了过去，他来到青年人的旁边说："你是不是很冷？为什么不回家去？"那个冻得发抖的青年抬起头看了伯杰一眼说："是的，我很冷，我也很想回家，我也想像你一样生活在漂亮的公寓里面，可这对于我来说实在是太遥远了。"

　　伯杰听了青年的话后非常同情地说："那你最想要的是什么？说给我听，或许我会帮上你什么忙。"

　　青年人稍稍停顿了一会儿，说："我现在唯一想做的事情就是能够躺在一张暖和的床上舒服地睡一觉。"

　　伯杰笑了笑说："这个愿望我可以满足你。"他拉着那个青年回到了自己的家中，打开自己的房门说："这是我的房间，今天晚上你可以在这里舒服地睡上一觉。"而后，他便去其他房间休息了。

　　第二天一早伯杰来到了自己的卧室，当他轻轻地推开房门后，发现青年已经不在了。而且床上的东西摆放得很整齐，青年人根本就没有在这里休息。伯杰非常不解，他赶忙跑了出去。在公园的那条长椅上他找到了昨天的那个青年。伯杰问他："你的愿望不是在暖和的床上好好地睡上一觉吗？可你为什么又回到了这里？"年轻人非常感激地说："谢谢你，你给我的这些已经足够了……"

　　转眼间很多年过去，这件事情在伯杰的脑海里已经没有一点儿印象了。一天，他被邀请去参加一个度假村的落成典礼。当他来到典礼现场的时候，发现这里有很多的名流，而且每一座房子都建造得非常漂亮。可在他心里一直都有一个迷惑，他心想：我并不认识这个度假村的主人呀！来到这里的都是有些名气的人，可他为什么要邀请我呢？就在伯杰非常疑惑的时候，度假村的主人发表了这样一番讲话，他说：“我之所以能取得这样的成就，要感谢所有帮助过我的人，其中我要特别地感谢一位在我30年前曾经给予我巨大帮助的人，是他让我有了人生的目标，是他让我对生活充满了信心。”说话间他走到了伯杰的身边，紧紧地握住了他的手。

伯杰这才认出这个人正是当年那个在公园里被冻得发抖的青年，现在他已经成了赫赫有名的钢铁大王，他的名字叫特纳。特纳紧紧地握着伯杰的手非常激动地说：“谢谢你曾经给予我的帮助，当你把我带到你卧室的时候我突然明白，眼前这张暖和的床并不属于我，我应该去寻找真正属于我的床，如果没有你，我想我是不会有今天的。”

每个人都会遇到困难，我们所要做的是设法去帮助别人。而那些得到你帮助的人一定会感激你一辈子。帮助别人会让我们自己的心灵更加充实，让我们的人生充满快乐。

一天晚上，外面下着大雨，街上已经没有什么人了，一对上了年纪的老人走进了一家旅馆。外面的大雨淋透了他们的衣服。显然，两位老人还没有找到可以休息的地方，他们无助地对店里的伙计说："请问你们这里还有房间吗？我们已经跑遍了这条街的每个旅馆，他们都已经客满了。"两位老人的穿扮很普通，身上也没有带其他的行李，像是一对穷苦的夫妇。店里这个年轻的伙计非常热情，他把两位老人请到了店里面，对他们说："这两天附近有很多会议，所有旅馆的生意都很好，没到晚上就已经全都客满了。天气已经这么晚了，外面又下着雨，两位的年纪又这么大了，没有个落脚的地方是不行的。我们店里虽然已经客满了，如果你二位不嫌弃的话，就睡在我的床上吧。"

夫妇俩很感动，他们问道："你把你的床让给了我们，那你睡在哪里呢？"伙计回答说："我年轻身体好，随便趴在哪里都可以，你们放心地睡吧。"

第二天一早，这对夫妇非常感激地找到伙计准备付些钱给他，可伙计却坚持不要，还笑着说："您二位住的是我的床位，我的床位并不是用来盈利的，我只是把它借住给你们一晚，怎么会收你们的钱呢？"

　　两位老人为这个普通伙计说出的话感到震惊，他们在临走的时候笑着对这个伙计说："你一定可以成为最好的旅店经理，我们回去后会盖一个大旅馆，到时候你就是旅馆的经理。"

　　年轻的伙计以为两位老人在逗自己开心，他们所说的话伙计也并没有在意。两年过去了，那名年轻的伙计依旧是在那家旅馆里上班。一天，他收到了一封来自纽约的信，里面还装着一张前往纽约的飞机票。信里说是两位老朋友邀请他到纽约来做客。年轻的伙计怎么也想不出在纽约自己还有什么老朋友，他怀着疑惑踏上了去往纽约的飞机。当他来到纽约见到两位老人的时候，才想起两年前发生的那件事。这对夫妇把年轻的伙计带到了纽约非常繁华的一条大街旁对他说："你看眼前刚刚盖起的这栋高楼，这就是我们曾经和你说过要为你盖的那个旅馆，你愿意接受我们的邀请担任这个旅店的经理吗？"

　　这个乐于助人的年轻人就是奥斯多利亚大饭店的经理乔治·波尔特。那两位老人其中的一位则是威廉·奥斯多先生。正是乔治·波尔特乐于帮助别人的精神打动了威廉·奥斯多，他为自己赢得了成功的机会。其实帮助别人也就是在帮助自己，只要我们对别人有所付出，就一定会有所收获。如果你是一个极度自私的人，那你永远都得不到别人给予的爱心和帮助。

　　一个人想要取得成功，如果没有别人的帮助和支持将是很难的。我们每个人在一生中总会有对自己有极大影响和帮助的人。是这些人在我们危难的时候，伸出了援助之手，是这些人在我们快要迷失方向的时候帮助我们找到了前进的目标。这个世界需要爱心、需要帮助，如果你已经取得了良好的成就，你需要更多地去帮助那些需要帮助的人，因为你现在所得到的成就一定也缺少不了别人的帮助。如果你现在正在为自己取得成功努力地拼搏着，也一样需要帮助那些落入困境的人，爱心是互换的。只要你懂得付出、乐于帮助别人，那么，在你遇到困难的时候，一定会有很多人向你伸出援助之手，帮你渡过难关。

赞美别人

> 我们所有的人都应培养的一个习惯，就是在我们遇到的每一个人身上，寻找可以赞赏的东西，这样做，我们就可以成为乐于赞美他人的人，每个人都会为此而感到愉快。这样做还积极促进了人际关系的健康发展，使人们有了新的勇气去面对困难，使每个人的长处都能得到发挥。

美国一位哲学家曾说过："人类天性中都有做个重要人物的欲望。"所以，能够获得赞美以及赞美程度的大小，便成为衡量一个人社会价值的标准。

心理学家认为，要想让一个人发挥出全部能力和潜能，赞美和鼓励就是最好的方式。

南非有一个古老的小村庄叫巴贝姆村，这个村里保留了一个古老的传统，那就是当有人犯错误或做了对不起别人的事情时，这个村里的人对他不是批评或指责，而是全村人将他团团围住，每个人一定要说出一件这个人做过的好事，或者是他的优点。村子里的每个人都要说，不论男女老少，也不论时间长短，一直到再也找不出他的一点儿优点或一件好事为止。犯错的人站在那里，一开始心里忐忑不安，或怀有恐惧、内疚，最后被众人的赞美感动得涕泪交流。众人那真诚的赞美和夸奖，就如一付良药，彻底清除掉那个犯错人的坏念头和坏行为，使他再也不会犯以前犯过的错误。巴贝姆村人的做法无疑是明智而有效的，即使是小孩子，你也很难看到他们中间有明知故犯的人。对于那些偶尔犯错误的人，用赞美代替了惩罚，在维护了他们的尊严的同时，又必定会唤起他们的羞耻之心，从而修正其不足之处。巴贝姆村良好的民风也自在情理之中了。

赞美是一种有效的人际沟通方法。现实生活中，每个人都曾得到过别人的赞美，每个人也都赞美过别人。人人都喜欢别人赞美，尤其是当众得到赞美，这是任何珍贵的礼物都不能比拟的，因为这是一种精神享受。人人都需要赞美，每个人都应当学会鼓励和赞美。

尊重和荣誉是人的第二生命。当你赞美别人的时候，好像用一支火把照亮了别人的生活，使他的生活更加有光彩；同时，这支火把也会照亮你的心田，使你在这种真诚的赞美中感到愉快和满足，并激起你对所赞美事物的向往之情，引导自己朝这方面前进。赞美就像润滑剂，可以调节相互间的关系；赞美又像协奏曲，那和谐悦耳的声音让人如痴如醉；赞美犹如和煦的阳光，让人们享受到人间的温情；赞美像催春的战鼓，给人以鼓舞和鼓励。

有这样一个故事：一个妇女参加一个进修班，她按班上要求，请丈夫写下可以使她成为更好的妻子的六个意见给她，而她得到的却是一束鲜花。她丈夫说："我想不出要你改变自己的六件事，我爱的就是现在的你。"她丈夫对同事说："你猜，晚上我回家谁在门口等我？""你猜对了，我的太太。她的眼睛里充满了泪水，极高兴地感谢我对她的赞美。"

赞美其实是一门语言艺术，但现实生活中，并非人人都善于赞美。伏尔泰曾说："我们没有办法常常使人感到满足，但我们可以时常把话说得使人高兴。"但有的人不善于表达，虽然他们明明欣赏他人的行为，只是不知道该如何表达。那么切记：学会赞美他人。如果你过去确实很少去夸奖你的同事，现在就是你应该改变自己的时候了。

渴望得到赞美，是每个人心中最迫切的需求之一，恰到好处地赞美别人，自然会得到别人的回应和赞美。那些刻薄者总是吝于称赞别人，即使他们非常清楚对方的成就，结果他们也同样难以获得别人的称赞。反观那些杰出的人士，因为总是慷慨大方、毫不迟疑地称赞别人，所以他们也可以赢得别人慷慨大方的称赞。你能赞美别人有多高尚，你的内心世界就有多高尚！

洛杉矶加州大学篮球队的著名教练约翰·伍登告诉自己的队员，在每个队员得分后，都要向传球给他的队友微笑示意或点头，以此感谢队友的鼎力相助。有人问伍登："要是对方没有望过来该怎么办呢？"伍登说："别担心，我已告诉所有队员都要这么做了。我们每个队员要学会赞美或肯定对方，我们的胜利才可能会多于失败。如果你传给队友球后，我保证他会向你微笑或点头。"赞美别人，不仅可以让受到称赞的人感到温馨、幸福，就连赞美者自己也会因称赞别人而心情愉快。因为你拥有一双发现别人优点的眼睛，你拥有表达欣赏的意愿。你的心灵因为专注于美好的、积极的事物而变得善良可爱。或者，有时还会有意想不到的收获。

学会赞美别人吧！每个人都希望得到赞美！"三人行，必有我师"，试着去欣赏他人的优点，给予诚心诚意的赞美与鼓励吧！

每天至少找出一个人，如果可能的话，不妨再多找一些，你必须在这人身上找出一些美德，然后加以赞扬。不过，记住：这些赞扬绝对不可以是虚伪、低俗的奉承，而必须是真实的赞扬。另外，用热切的语气说出你的赞美之词，更可让对方产生强烈的共鸣。

不要怕因赞美别人而降低自己的身价，相反，应当通过赞美表示你对别人的真诚。记着这一句话："给活着的人献上一朵玫瑰，要比给死人献上一个大花圈的价值大得多。"生活中没有赞美是不可想象的。百老汇一位喜剧演员有一次做了个梦，自己在一个座无虚席的剧院，给成千上万的观众表演，然而，观众没有一丝掌声。他后来说："即使一个星期能赚上10万美元，这种生活也如同地狱一般。"

推销大师原一平就是这样的。原一平认为每一个人，包括我们的准客户，都渴望别人真诚的赞美。

原一平有一次去拜访一家商店的老板。"先生，您好！"

"你是谁呀？"

"我是明治保险公司的原一平，今天我刚到贵地，有几件事想请教您这位远近闻名的老板。"

　　"什么？远近闻名的老板？"

　　"是啊，根据我调查的结果，大家都说这个问题最好请教您。"

　　"哦！大家都在说我啊！真不敢当，到底什么问题呢？"

　　"实不相瞒，是……"

　　"站着谈不方便，请进来吧！"

　　就这样，轻而易举地过了第一关，也取得了准客户的信任和好感。赞美几乎是百试不爽，没有人会因此而拒绝你的。

　　赞美，它是理智与情感融合而达到巅峰的一种表达方式。勉强的、虚情假意的赞美不是赞美，不仅使自己心里有不协调之感，而且还会把这种感情传达给听者。在《邹忌讽齐王纳谏》一文中，身为战国时期齐国丞相的邹忌对同是称赞他美貌的三个人做了精辟的分析："吾妻之美我者，私我（偏爱）也；妾之美我者，畏我也；客之美我者，欲有求于我也。"俗话说得好："心诚则灵。"赞美也一样。而那些为了一定的目的而去说好话奉承别人的人，一旦目的达到，他们的甜言蜜语也就化为灰烬了。所以，真诚地赞美，应当是发自内心深处的，是心灵的呼唤，是对他人的羡慕和钦佩。另外，称赞的语气不要过度夸张，要以一种发自内心的感受来称赞，否则效果会适得其反，对方会认为你很虚伪。

"赞美是畅销全球的通行证。"在人性深处，人们渴望的是欣赏、赞美和鼓励。任何人都不喜欢接受过多的斥责、挑剔、唠叨、批评，这是因为每个人都需要被承认。所以，在成功时，要多一份感恩之心，并且乐于把成功同他人分享，这样你的支持者将越来越多。

丘吉尔曾说："你要别人具备怎样的优点，你就怎样去赞美他。"莎士比亚曾说："赞美是照耀我们心灵的阳光，没有它，我们的心灵就无法成长。"威廉·詹姆斯曾说："人性深处最深切的渴望，就是渴望别人赞美。"泰戈尔在《飞鸟集》中写道："赞美令我羞愧，因为我暗自乞求得到它。因此，我们需要利用这种人性的需要，用欣赏的眼光去看待同事的优点和长处，真诚地去加以赞美，营造出和谐的氛围，我们才能更愉悦地投入工作。"

在我们周围，也存在这样的一些人，他们也是常常地赞美别人，但由于缺乏赞美的具体内容而让人听起来感觉不甚舒服，这样也就难于感动别人了。与其空泛地赞美别人"很有才华"，倒不如说得更具体一些。例如，"你的这篇纪实报道很犀利，思路很广"。只有这些具体的赞美，才会给人留下深刻的印象，这才是赞美的真谛所在。

马克·吐温曾经说过："一句精彩的赞辞可以代替我10天的口粮。"赞美对每个人而言，都是生活的必需品。所以，我们不要吝啬自己的赞美，要知道"予人玫瑰，手有余香"。

此外，赞美还可以消除人与人之间的怨恨。

某地有一家历史悠久的药店，店主具有丰富的经营经验。正当他的事业蒸蒸日上时，离他不远的地方又开了一家小店。店主十分不满这位新来的对手，到处向人指责那家小店卖假药。开始小店主听了很气愤，后来在朋友的开导下，准备用"表达善意"的方法来化解两家的矛盾。每当有顾客们向小店主述说那位"老店主"的恶毒攻击时，小店主总是解释说："一定是误会了，他既是咱们地方上最德高望重的人，又是本地最好的药店主，他对病人的关心给我们大家树立了榜样。况且，我们这地方正处在发展之中，有足够的空间可供我们做生意，我们应该以老店主为榜样。"老店主听到这些话后，羞愧地找到了自己的年轻对手，向他道歉，还向他介绍自己的经验。就这样，怨恨消失了。生活中如能多一些这样的赞美，岂不更和谐、更温馨。

学会赞美别人，养成随时发现他人的优点并及时给予赞许的习惯。正如世间事，只要时过境迁，就会变得面目全非。人们熟悉的唐代诗人崔护就曾因赞美不及时而留下了终生遗憾：那是一次清明节，崔护在郊外游玩，时值桃花盛开，崔护口渴求饮，一美貌女子开门送水，二人默默无言后分手。次年清明节，崔护思念那女子，重游而不遇，便写下了："去年今日此门中，人面桃花相映红；人面不知何处去，桃花依旧笑春风"的诗句。试想，崔护当时若能及时赞美这女子的桃花之美，说不定早已鸾凤和鸣、共结连理了。所以，一句简单的赞美之辞，往往会收到意想不到的效果，现实生活中这类例子比比皆是。

天天学习

> 人不是靠他生来就拥有的一切，而是靠他从学习中所得到的一切来造就自己。
>
> ——歌德

人们常说："活到老，学到老。"这在今天来说已经是实实在在的社会需求。在知识加速更新的今天，昨天的知识可能很快就会变得陈旧，昔日的人才，如果不去通过不断的学习来充实自己，那么迟早都会落伍。

美国哲学家桑塔亚那曾这样说道："即使最聪明的智者也要永远学习。"

对于任何人而言，只有不断学习，才能让自己不停进步，才能使自己立于不败之地，才会成为通往成功道路上的领跑者。

　　哈雷·戴森摩托车公司原是美国知名的摩托车制造商。可是到了20世纪60年代末，价廉物美的日本本田摩托车充斥美国市场，哈雷公司摩托车的销售额一落千丈，很快发展到了濒临破产的境地。

　　为了拯救公司，哈雷公司向美国政府伸出求援之手，美国政府最终决定对进口摩托车征收高额关税，这无疑给了哈雷公司一个宝贵的喘息之机。

　　1982年，为了学习本田用来打败自己的科技，哈雷公司的高层管理者以访问的名义，来到日本本田摩托车设在美国俄亥俄州的工厂参观。当这些高层到了工厂后，他们看到在本田偌大的工厂里没有一台电脑，也没有机器人，更没有什么特别的作业系统，只有少量的纸上作业。那里除了30名职员领导着420名装配工人外，再没有别的了，但是，从这些员工的表情上看得出，他们对自己的工作很满意。

　　"得人心者得天下！"哈雷公司的管理者们从中认清了问题所在。在之后的一年内，他们采用了最好的人事管理制度，比如对员工各方面情况尽可能多地了解，发现员工对工作有什么不满之处，及时给予必要的关心问候，以求努力帮助员工克服困难，解除纷扰等，结果使员工们的工作满意度大大提高。他们也开始展现出极大的团队精神，公司的生产能力也逐渐提高了，并最终使哈雷公司得以脱胎换骨。

此外，在那次参观中，哈雷还发现一个值得向本田学习的地方：日本机车只有5％会在生产线末端被剔出，而哈雷却有5~6成，其中因小零件有问题而被剔出的就比日本机车的总退件率高出好几倍。这些零件之所以有问题，大部分是因为在仓库储存过久，等送到生产线时不是生锈，就是规格上的小修正使得那些零件变成废物。

为什么日本工厂就没有这样的问题呢？经过潜心研究之后，哈雷终于找到了原因：本田的零件是每天生产一次，数量都不多，只是用于当日的安装就可以了。而哈雷是每年生产几次，像他们那种生产方法，每次生产出来的零件都够几个月用的。另外，公司生产这些零件的成本都是贷款而来的，所以每年都会因为这些零件而付出数百万美元的利息。如果按照本田的做法，那么这笔数目很大的利息就可以省下了，还可以节省一些空间，如果发现不合格的零件，通常也只生产了一小部分，那样可以很容易更正，损失也不是很大。

问题找到了，哈雷公司就开始改变现状，很快，他们就利用了本田的库存管理系统，将其中的员工参与模式和以统计数据为基础的管理制度运用起来。结果是很明显的，哈雷公司在美国国内重型机车市场的占有率从23%倍增到46%，并且成为世界级的角逐者。

我们看到，哈雷公司通过不断学习、不断进步，终于走向了成功，这难道不是每个人和企业都应该学习的吗？

停止学习也就等于停止了进步，停止了对美好未来的追逐。只有不断学习，不断向自己发出挑战，我们才会收获不一样的人生，才能在有限的生命里创造出无限的辉煌。

春天到了，两粒种子躺在土壤里对话。第一粒种子说："我要向自我挑战，努力拱出地面，将根深深扎入土壤；我要'出人头地'，让自己在大自然中迎风而立，大声歌唱生命的高贵。让我在有限的生命里得到阳光和雨露的眷顾，即使我会在秋天枯萎，但我会因为收获而感到充实。"第二粒种子说："我有土地的保护，不是很好吗？如果我用力钻出地面，定会伤到我脆弱的茎心；如果我向土壤里深深扎根，可能会碰到硬硬的石头；如果幼芽长出，可能会被昆虫吃了；我若开花结果，到秋天就会死。我看我还是待在土壤里面最安全。"结果是：第一粒种子茁壮成长，第二粒种子很快就腐烂了。

如果你勇于挑战自我，就会像第一粒种子那样，在有限的生命里尽情享受人世间的快乐；如果你缺乏自我挑战的勇气，你就会像第二粒种子那样，在有限的生命里无法体会生命的真谛。其实，人生就是一个不断挑战自我的过程。

霍金，是时下享有国际盛誉的伟人之一。他是剑桥大学应用数学及理论物理学系教授，当代最重要的广义相对论和宇宙论家。20世纪70年代，他与彭罗斯一道证明了著名的奇性定理，为此他们共同获得了1988年的沃尔夫物理奖。他因此被誉为继爱因斯坦之后"世界上最著名的科学思想家"和"最杰出的理论物理学家"。他还证明了黑洞的面积定理。霍金的生平是非常富有传奇性的，在科学成就上，他是有史以来最杰出的科学家之一。他担任的职务是剑桥大学有史以来最为崇高的教授职务，那是牛顿和狄拉克担任过的卢卡逊数学教授。他的代表作是1988年撰写的《时间简史》，这是一篇优秀的天文科普小说。该书想象力丰富，构思奇妙，语言优美，一出版即在全世界引起巨大反响。

可是，谁能想到这样一位杰出的人物，居然是一个残疾人，一个不能写，甚至口齿不清，只能通过手指或者口形变动让机器产生感应来工作或与人沟通的人。1962年，在霍金20岁的时候，他患上了卢伽雷氏症（肌萎缩性侧索硬化症）。但他身残志不残，克服了种种常人难以想象的困难而成为国际物理学界的超级新星。他不能写，但他超越了相对论、量子力学、大爆炸等理论而迈入创造宇宙的"几何之舞"。尽管他那么无助地坐在轮椅上，他的思想却出色地遨游到广袤的太空，解开了宇宙之谜。

霍金不仅创造了科学的奇迹，也创造了生命的奇迹。很多时候，我们缺少的不是成功的条件，而是缺少自我挑战的勇气和战胜自我的毅力。勇于挑战自我，生命将会绽放出缤纷的色彩。

一条不流通的河流，河水会慢慢发臭；没有足够的食粮，人就会慢慢死去；没有新鲜的血液，人类的生命也会濒临灭亡。同样的道理，一个奋斗的人，只有时时保持学习、不断向自己发出挑战，才能获取最后的成功。

有个故事叫"希尔接受了挑战"。这个故事讲的是1908年，年轻的希尔去采访钢铁大王卡内基。卡内基很欣赏希尔的才华，并对他说："我给你个挑战，我要你用20年的时间，专门研究美国人的成功哲学，然后给出一个答案。但除了写介绍信为你引见这些人，我不会对你作出任何经济支持，你肯接受吗？"

希尔坚信自己的直觉，勇敢地承诺"接受"。

接着，在此后的20年里，希尔遍访美国最成功的500名著名人士，写出了震惊世界的《成功定律》一书，并成为罗斯福总统的顾问。

希尔后来回忆此事时说："试想全国最富有的人要我为他工作20年而不给我一丁点儿报酬。如果是你，你会对这个建议说是抑或不是？如果'识时务'者，面对这样一个'荒谬'的建议，肯定会推辞的，可我没这样干。"

所以，一个人只要敢于挑战自己，就会有卓越的人生。一个人梦想越高，人生就越丰富，作出的成就就越卓绝；梦想越低，人生的可塑性越差。也就是人们常说的：期望值越高，达成期望的可能性越大。

　　在现代社会中，我们每天都在面对无数的可能，面对无数没有先例的挑战。没有什么是想不到的，没有什么是做不到的，没有什么是不可能的。不断挑战自我，不断发掘自己的潜力，已经成为当今社会一大主流，一种为年轻人所崇尚的生活方式。

　　娜娜在一家大型建筑公司任设计师，常常要跑工厂，察现场，此外，还要为不同的老板修改工程细节，异常辛苦，但她仍主动去做，毫无怨言。

　　虽然她是设计部唯一的一名女性，但她从不逃避强体力的工作。需要爬20多层的楼梯时她毫不犹豫，需要去野外时她也面无惧色……总之，她从不感到委屈，反而感到自豪。

　　有一次，老板安排她为一名客户做一个可行性的设计方案，只给三天的时间。这是一件在别人看来很难完成的任务。但娜娜接到任务后，没有退缩，而是勇敢地接受了挑战。当天下午，看完现场她就开始工作了。三天时间里，她都在异常紧张的状态下度过，她四处查资料，虚心向他人请教。食而无味，夜不能寐，满脑子都在想着如何把这个方案做好。

　　三天后，当她带着布满血丝的眼睛把方案交给老板时，得到了老板的肯定。因为她做事认真负责，积极主动，勇于接受挑战，老板提升了她，并给她涨了3倍的薪水。

后来，老板告诉她："我知道你时间紧，但我们必须尽快把设计方案做出来。如果你当初不接受这个挑战，我可能把你辞掉，因为公司需要的是能够在关键时刻接受挑战、解决问题的人。没想到，你不仅接受了挑战，而且出色地完成了任务。我很欣赏你这种工作认真负责，积极主动又敢于挑战自我的人。"

当今世界发展迅速，每个人都面临着一个非常严峻的现实：如果止步不前，满足于现状，你就丧失了创新能力，就会失去自己的立足之地，最终被社会所淘汰。而创新是人类发展的主要源泉。要想创新，首先要挑战自我。

在平凡的生活中，我们总是不断地重复单调的步伐，也许正因为这样，我们始终在一个地方徘徊，没有进步的迹象。这是为什么呢？一位哲学家一针见血地指出："一个人缺少了挑战意识，他的生活永远得不到改变；一个社会缺少了挑战意识，这个社会永远不会前进。"人的一生是一次无法回头的旅行，"不敢冒险就是最大的风险"，它将使危险加速而至。在工作中也是一样，如果你总是安于现状，那么，你将永远无法走出平庸的角色，甚至有被淘汰的危险。因此，如果想拥有不平凡的人生，就一定要懂得挑战自我，超越自我。

大环境的改变会对我们的成功与失败起到很大的作用。大环境的改变有时是看不到的，我们必须时时注意，多学习，多警醒，并适时地改变自己，挑战自我。太舒适的环境往往蕴含着危险。习惯的生活方式，也许对你最具威胁。要改变这一切，唯有不断地接受挑战，打破旧有的模式，实现自我超越。

低调做人

　　　　真正的成功者永远不会到处炫耀自己，他们几乎都会
坚守低调做人的人生态度。这不但使他们赢得了更多人的
尊敬，对自己未来的发展也起到了很大的帮助作用。

　　会打桥牌的朋友都知道，桥牌是两人一组相互配合，开始双方叫牌，目的在于叫出自己的实力和牌型，以求得出打成或打败对手的判断。

　　初学者往往不分青红皂白，明明无希望的牌也要叫，其结果把自己的实力、牌的分配状况都暴露在对手面前，使得对方在了解牌的基础上轻松获得胜利。所以，低调是警告新手们，当自己牌不好的时候，用低调把自己保护起来。这个基本的原则是帮助新手们在高手面前藏好自己的尾巴，后来这句话被广

泛沿用成了一个谚语。

可以说，低调成了重要的社交艺术。

在多数人眼里，低调的生活态度是没有远大理想、目光短浅、缺乏自信的表现。事实上低调的人不是缺乏自信，只是对自己有一个清醒的认识，不愿为时过早地轻易下结论，不愿对事情的发展进行盲目乐观的估测。缺乏自信的人没有追求和理想，面对生活的不幸缺乏必要的意志来改变自己的命运。而在低调者看来，苦难与不幸只是生命航程中必不可少的风景，他们能够清醒地面对自己和客观环境，并能够在遭遇风浪时知道低头让步，确保自己有东山再起的机会。

看似低调的行为其实是一种比刚强更有力的生存策略，犹如海之内敛与狂傲兼具，火之温柔与勇猛并存。

一次社交聚会上，气氛很热烈，每个人都积极表达自己的观点。正当大家谈得非常起劲的时候，聚会的主人却默默地坐在一旁一言不发，很长时间她面带微笑，欣然地聆听着在座的每一个人的观点。开始大家以为主人是个不善言谈的人，没有太在意她。

过了一段时间，大家想让聚会的主人说说对这个问题的看法。宴会主人面带微笑，用柔和的语调发表了自己的看法。一个大家原以为不会讲话、无话可讲的女子，阐述观点是那么深刻，态度谦逊而又充满自信。大家被她的观点所吸引，每个人都认真地听着她一个人在讲话。参与聚会的每个人都被主人的气度和才华所折服。

低调不是消极，是积极参与交往的一种特殊表现形式。低调，对大多数人来说，特别是习惯了说话过多的人也是一种挑战。很多时候我们费不少口舌解释某件事情，希望别人接受我们所说的观点、意见，却忽略了用沉默来让别人有时间了解、分析我们所做的事情。

少说话，多做事，告诫我们不是勉强自己不说话，而是力求自己说得每句话都有实质意义，都有相当价值。一个人说得很多，滔滔不绝，却空洞无物、缺乏新意、缺乏针对性，这种话是没有人喜欢听的。

低调的本质是一种宽容。低调者首先放弃显耀自己，不愿将自己强过于人的方面表现出来，这是对其他人的一种尊重，对不如自己的人的一种理解。低调的人相信：给别人让一条路，就是给自己留一条路。

我们应该保持低调，低调是一种自知之明，一种诗意栖居的智慧，一种优雅的人生态度。生活中，人们似乎总想寻觅一份永恒的快乐与幸福，总希望自己的付出能够得到相应的回报，然而，生活并不像我们想象的那样顺畅。当你的努力被现实击碎，当你的心灵逐渐由充满激情走向麻木的时候，你感受到的可能只是深深的苦闷与失望。然而，在低调者看来，这只是生活对自己的一次拷问。

低调的人比一般人经历更少痛苦的原因在于他们知道如何避免失败，他们不会用种种负面的假设去证明自己的正确，只会让事实证明自己的理论。总之，低调是一种优雅的气质，是一种高尚人格的表现。保持低调，是对生存智慧的正确运用，唯有如此，我们才能真正享受生存的快乐。

我们说的低调，实际上是指在条件不成熟时，潜心努力，积蓄能量，蓄势待发。绝不会盲目行动，暴露自己的目标，让自己的计划在还未成熟时就夭折于众人的枪口之下。这样的低调，是摈弃浮躁，沉入生活的底层，返璞归真，实实在在地做人，勤勤恳恳地做事。

山不拒垒土而高，水不择细流而广。低调做人是一个人在面对真实的自己时，能容人之不能容，忍人之不能忍，成己之博大的宽阔胸怀。所以，低调不是懦弱，不是退缩，而是大智者能面对真实的自己的一种勇气。

做事专注

　　我们所处的世界是五彩缤纷的，美好的东西有千种万种。然而我们每个人的精力又是有限的。作为一般人，你必须学会专注。如果今天喜欢这个，明天又去追求那个，最后可能什么都得不到。

　　遥远的古代，有个国王一直在寻找一个称职的宰相来帮助自己治理国家。他想出了一个办法来选拔宰相。有一天，朝议的时候，国王叫一位一直比较欣赏的大臣来到自己跟前，吩咐他端起一盆满满的油。从宫殿出发，步行到城外的一口古井边上。途中不能停留，也不许把盆中的油洒出来，不然他的脑袋就搬家了。大臣吓坏了，刚开始以为国王和他开玩笑，后来想是不是自己什么地方让国王不满意，得罪了国王。但是，他觉得国王没有开他的玩笑，他必须完成这个不可思议的任务。

他硬着头皮，小心翼翼地端起那盆油，在侍卫的监视下，开始徒步行进在那段艰险的路途上。其他大臣有的为他担心，有的心里暗暗高兴。他们都觉得他这次死定了。高兴的那些人是他的政敌，而为他难过的是他的朋友。

沿途他经过宽敞巍峨的宫殿、学校、拥挤的集市、狭窄弯曲的街道和崎岖不平的小径。然而结果让所有人都大跌眼镜：大臣从端起那盆油的时候，就放开了一切的想法，只想着做好一件事情，那就是走平稳，不洒下一滴油。他如此专注、投入，忘记了身后的一切。

身旁的房屋失火了，人们喊叫着，争先恐后地去救火，他未注意；前边的集市有大象受惊吓，踩死了很多人，大家夺路而逃，他未受影响；家人来报信，小儿病重，叫他赶紧回家，他没听到。

他心里只有一个目标。终于奇迹出现了，他完成了国王的使命，把那盆油送到了那口古井旁边，重要的是他没有洒出一滴油。大臣成了那个国家的宰相，因为他知道做每一件事情都要力求做到最好，只有这样国家才能慢慢强大起来。

在国王的心中，只有能专注于一件事情的人，才能担当重任。在今天，一心一意做事，是每个人获得成功不可或缺的重要品质。专注就是用心，对一件事情用心的程度，将决定一个人成就的高度。

意大利世界超级男高音歌唱家卢克诺·帕瓦罗蒂曾经有过迷茫的一段时间。在他即将从一所师范学院毕业的时候，他陷入了苦苦地沉思中：毕业后是选择做一名平凡的教师呢？还是从事自己喜爱的歌唱事业？要么两者兼顾？

这个问题让帕瓦罗蒂很难作出抉择，他在大学里学的专业是教育，可他觉得自己更喜欢唱歌。到底该做什么呢？在思想争斗毫无结果之后，他去请教他的父亲。

父亲听了他的问题后，沉思了一会儿，然后对儿子说："哦，孩子，你一定要记着，如果你想同时坐在两把椅子上，那你也许会从椅子中间的空隙里掉在地上，最后被摔个一塌糊涂。生活要求你只能选一把椅子坐上去，这样你才能坐得平稳。"

帕瓦罗蒂听了父亲的话，终于下定了决心，从此在歌唱艺术的道路上艰难而不屈地跋涉着，直到成为一颗光芒四射的世界巨星。

卡耐基是为世人所公认的成功学演说家，但他并非天生就
是演讲家。面对观众，他的恐惧并不比任何人少。为了克服自
己的恐惧，他不断主动与人交谈，尽量让自己在大家面前大声
说话，学着观察每个人的表情、反应，总结所讲内容什么地方
被别人赞同，什么地方吸引别人听，什么地方令人厌倦，什么
方式引起听众的兴趣。

他参加学校的演讲比赛，结果让人失望，他还是很紧张。
一次又一次的失败没有让他放弃，在他的家乡人们总是能看见
他在那不停地演讲着，激动处还挥动拳头，大声叫喊。有人觉
得他是个疯子，跑去找来警察。

他的母亲觉得十分心疼："实在不行，咱们可以换一种活
法，什么地方都能吃饭。"卡耐基对他母亲说："您听过这样一个
故事吗？在北方极远的地方，有一位叫'成功'的女神。有一天，
来了一个敲这个门的年轻人。女神没有马上开门，想让那个人再敲
一下验证对方的热情和专注的持久度，结果那个人见这扇门不开，

便转身去敲别的门了。女神自言自语道：如果他再敲一下，我就会让他进来的。只要专注，成功女神会让我进她的门的。"

有人把勤奋比作成功之母，把灵感比作成功之父，认为只有两者结合起来才能产生人才。而专注则是勤奋必不可缺的伴侣。专注使人进入忘我境界，能保持头脑清醒，全神贯注，这正是深入地感受和加工信息的最佳生理和心理状态。法国科学家居里说："当嗡嗡作响的陀螺般高速运转时，就自然排除了外界各种因素的干扰。"人一旦进入专注状态，整个大脑围绕一个兴奋中心活动，一切干扰通通不排自除，除了自己所醉心的事业，生死荣辱，一切皆忘。灵感，这智慧的天使，往往只在此时才肯光顾。没有专注的思维，灵感是很难产生的。

无论做任何事情，要想成功，就要一心一意地去做，这样才能发挥出自己最大的能量。

勒韦是美国著名的医师及药理学家，1936年荣获诺贝尔生理学及医学奖。

勒韦1873年出生于德国法兰克福的一个犹太人家庭。从小喜欢艺术，绘画和音乐都有一定的水平。但他的父母是犹太人，对犹太人深受各种歧视和迫害心有余悸，不断敦促儿子不要学习和从事那些涉及意识形态的行业，要他专攻一门科学技术。

在父母的教育下，勒韦进入了大学学习，但放弃了自己原来的爱好和专长，进入斯特拉斯堡大学医学院学习。在学习的过程中，勒韦一直非常勤奋刻苦，虽然对医学比较陌生，但他不怕从头学起，他相信专注于一，必定会有所成就。他怀着这种心态，很快进入了角色，他专心致志于医学课程的学习。心态是行动的推进器，他在医学院攻读时，被导师的学识和专心钻研精神深深吸引。这位导师名叫缁宁，是著名的内科医生。勒韦在这位教授的指导下，学业进展非常快，并深深体会到医学也大有施展才华的天地。

勒韦从医学院毕业后，他先后在欧洲及美国一些大学从事医学专业研究，在药理学方面取得很大的进展。由于他在学术上的成就，奥地利的格拉茨大学于1921年聘请他为药理教授，专门从事教学和研究。在那里他开始了神经学的研究。1959年他从动物组织分离出乙醚胆碱。勒韦对化学传递的研究是前所未有的突破，对药理及医学做出了重大的贡献。因此，1936年他与戴尔获得了诺贝尔生理学及医学奖。

勒韦是犹太人，尽管他是杰出的教授和医学家，但也如其他犹太人一样，在德国遭受了纳粹的迫害。当局把他逮捕，并没收了他的全部财产，取消了他的德国国籍。后来，他逃脱了纳粹的监察，辗转到了美国，并加入了美国国籍，受聘于纽约大学医学院，开始了对糖尿病、肾上腺素的专门研究。

勒韦对每一项新的科研，都能专注如一。不久，他这几个项目都获得了新的突破，特别是设计出检测胰脏疾病的勒韦氏检测法，对人类医学又做出了重大贡献。

专注的力量是巨大的，当一个人把所有精力都集中于自己所做的事情上时，再大的困难他都能够克服，同时，任何不良的影响也都无法干扰到他。

脚踏实地

> 不积跬步，无以至千里；不积小流，无以成江海。成
> 功，往往就是一点点的积累。量变的结果，最终会导致质
> 变。如果你忽视这个过程，就很难实现某种超越。

一个人，可以有很多的梦想和憧憬。而所谓的梦想和憧憬，就是高于现实的东西。如果它活生生地摆在我们的面前，那么我们也就没有必要费尽千辛万苦去追寻它了。但是，这却不等于我们可以不顾现实而脱离实际。如果你不肯面对现实，不肯回归现实，那么只能被空想迷住了双眼。

如果你不想让自己的梦想枯萎，不想让自己的年华虚度，那么就一定要转变成一个现实主义者。所谓的现实主义者，也就是现实地面对自己的问题，现实地考虑自身的处境，现实地

制订自己的计划，并最终为了实现它而付出辛苦的努力。

爱迪生认为，成功的秘诀就是"能够将你的身体与心智的能量锲而不舍地运用在同一个问题上而不会厌倦的能力"。这值得引起所有志在成功的人的思索。

很多人有了自己的梦想，就以为万事大吉，不肯为将其转化为现实而付出辛苦的努力。他们当然渴望成功，就像鱼儿渴望水那样迫切。但是，对于通往成功路上所付出的艰辛，他们却没有充分的认识，更没有做好充分的准备。当然，我们不否认，世上的确有绝对聪明和绝对幸运的人士，不需要太多的等待与付出，便可收获成功。但是，这个比例却少之又少。对于我们大多数人来讲，只有通过汗水的浇灌，我们的梦想之花才会绽放。如果你忽视了这一点，而只等着天边那渺茫的希望，十有八九，你会失望。

东汉时期，有一个人叫陈蕃，他年轻时独居一室，日夜攻读，欲干一番惊天动地的大事。一日，其父好友薛勤前来拜访。只见庭院荒芜，杂草丛生，遍地纸屑，便问他："孺子何不洒扫以待宾客？"答曰："大丈夫处事，当扫除天下。安事一屋乎？"薛勤道："一屋不扫，何以扫天下？"

"一屋不扫，何以扫天下？"这句话从一个角度让我们明白一个道理：做人要脚踏实地，切不可好高骛远。现实是梦想的基础，如果忘记了这一点，只会收获失败的苦果。但是，在生活中，我们却往往忘了这个道理。在我们周围，有不少这样的人。他们每天都生活在幻想之中，希望自己可以一鸣惊人，但却从来不肯为实现理想而努力。梦，谁都会做。关键是能否将其转化为现实。没有人可以成天生活在幻想之中，我们需要一种心智上的成熟，这就要求我们要用自己的辛勤和汗水去浇灌心灵的花朵。

《庄子》中曾经记载了这样一个故事：一个叫朱漫平的人，一心想要学一种与众不同的本事。他听说远方有个叫支离益的人会杀龙，于是变卖了家中的全部财产，不远千里去学艺。转眼三年，学成归来，他向邻里展示自己所学的杀龙技巧：如何按住龙头，怎样骑上龙身，再然后从龙脊开刀……

正在他表演得兴致勃勃之时，一位老人问他哪里有龙可杀时，他才恍然大悟。原来自己辛辛苦苦了半天，却是白忙了。

这个故事看起来好笑，但若事情发生在我们身上，却浑然不知了。这就要求我们在制订计划时一定要从现实出发。不顾现实，只能尝到失败的苦果。

　　成功者，不是一个只有梦想，只做计划，只擅空谈的人。他是一个行动者，一个现实者，一个可以把梦想和现实结合起来的人。他们不会让自己停留在想的阶段，他们会为了自己的目标而付出艰苦卓绝的努力。他们明白，只有一步一个脚印地前进，才能最终到达人生的巅峰。

　　1984年，在东京国际马拉松邀请赛中，名不见经传的日本选手山田本一出人意料地夺得了冠军。当记者们询问他是如何取得如此惊人的成绩时，他只说了句：凭智慧战胜对手。

　　众所周知，马拉松赛考验的是人的体力和耐力。只要身体素质好又有耐性就有望夺冠，爆发力和速度都在其次，说用智慧取胜就显得更加牵强了。当时的许多人都认为这个小个子选手在故弄玄虚。

　　1986年，意大利国际马拉松比赛在其北部城市米兰举行。作为上届马拉松赛的冠军，山田本一这次代表日本参赛，而且再次夺得了冠军。这一次，当记者采访他时，他说的还是那句话：凭智慧取胜。由于山田本一生性木讷，不善言谈，所以许多人对他的这番话大惑不解。直到10年后，这个谜底才被揭开。人们在他的自传中发现了这样的话：

　　"每次比赛之前，我都要乘车把比赛的线路仔细地看一遍，并把沿途比较醒目的标志画下来，比如，第一个标志是银行；第二个标志是一棵大树；第三个标志是一座红房子……这样一直画到赛程的终点。比赛开始后，我就以百米冲刺的速度奋力地向第一个目标冲去，等到达第一个目标后，我又以同样的速度向第二个目标冲去。40多公里的赛程，就被我分解成这么几个小目标轻松地跑完了。起初，我并不懂得这样的道理，而是把我的目标定在40多公里外终点线上的那面旗帜上，结果我跑到十几公里时就疲惫不堪了。我被前面那段遥远的路程给吓倒了。"

　　练习过举重的人都知道，通常他们总是先从他们能够举得动的重量开始，经过一段时间的训练之后，慢慢增加重量。如果一下就去练习最重的重量，不仅难以达到目标，还有可能会使肌肉拉伤。远大的目标，一般都会被分解成各个短期目标。当你实现了各短期目标之后，离远大目标也就不远了。如果不懂得这样分解，就会因目标过于远大，或理想太过渺茫而放弃。当目标分解成各小目标之后，每当我们实现了一个目标，也就代表着我们离成功更近一步，而内心的勇气也会倍增，心理上的压力也会随之减少。这样持之以恒地坚持下去，最终我们的理想也会实现。

　　但是，人们对于脚踏实地通常存有几种误区：脚踏实地会浪费掉属于自己的成功机会。的确，在现代社会中，抓住机会，也就等于抓住了成功的翅膀。对于稍纵即逝的机会，我们必须紧紧抓住。很多的机会，好像蒙尘的珍珠，让人无法一眼看清它华丽珍贵的本质。踏实并不等于被动，更不等于单纯的等待。它会伸出手，为机会拭去障眼的尘埃。

　　还有的人认为，脚踏实地就是思前想后，事事如履薄冰，不让自己犯错误，不让自己冒太大的风险。

　　没有人可以不犯错误，除非你不去做事。风险之中常常会隐藏着巨大的机会，不敢冒风险的人，也往往会与机会失之交臂。脚踏实地，是约束我们的行为，并非约束我们的思想，更不是给自己的双脚套上沉重的锁链。踏实只是让我们学会勇敢地面对现实，让我们不要忽视对梦想的辛勤浇灌。它要求我们在顺境之中不要得意忘形，在处于困厄之时不要对生活失去希望。哪怕我们会一次次地跌入低谷，我们的精神也会支撑着我们一步步地走出来，从而迎来清风扑面。

　　黎明前的一刻，总是最黑暗的。如果你希望自己可以得到光明，就要学会一步步的前进。远大的志向，聪慧的头脑，再加上脚踏实地的工作，你一定会看到光明的未来，收获属于自己的成功果实。

做事果断

　　　　　优柔寡断会使你和成功擦肩而过，甚至有时会让你
　　遭受失败。而一个果断的决定，会让你获得意想不到的成
　　功。

　　一头愚蠢的山羊，在两堆青草之间徘徊，左边的青草鲜
嫩，右边的青草多一些，它拿不定主意，最终饿死在它的徘徊
不定中。

　　物犹如此，人生旅途中的我们又何尝不是如此呢？周末你
有课业需要完成，可这个时候正好有你期盼已久的直播球赛，你
是要继续写作业，还是去看球赛呢？每个人每时每刻都要做决
定，这个时候需要果断来为你领航。在人生中，思前想后、犹豫
不决固然可以免去一些做错事的可能，但同时也会失去更多成功

　　的机遇。执迷不悟、一意孤行的固执并不可取。你要正视现实，果断地放弃那些使你力不从心却又苦撑硬撑的执着，当你作出清醒的决定之后，你的意志就找到了支点，所有的事物将变得单纯、明朗、宁静，你会很开心，满足于自己的果断。

　　机会的到来是不可预测的，而它的离开也是不可把握的，那些做事优柔寡断、犹豫不决的人，是很难抓住机会的。当机会到来时，他们总是不能当机立断地作出抉择，总是害怕会是个假象，背后潜藏着危机，可是当他们经过深思熟虑之后确信这是个难得的机会时，机会早已悄悄地溜走了。

　　中国有句古话说"当断不断，反受其乱。"也就是说，当面对一件事情时，如果你不能果断地采取措施，不要说这件事处理不了，其他的事也会受到影响。比如，一个公司的领导者因一时的犹豫，错过了抢占市场的商机，不要说会不会有抢占市场的机会了，整个公司的运营都会深受其害。

　　美国总统布什在参加竞选的时候，许多布什的支持者将其称为"一位很有果断能力的领导人"。一些美国评论家也认为，虽然同出自"名门贵族"，但相较于戈尔的"精英"形象，布什的"西部牛仔"形象更为深入人心。无疑，他把"西部牛仔"的果断、自信、坚强都带进了自己的做事风格中了。

布什在处理内政外交问题上所表现出来的果断坚毅和极具亲和力的个人品质为他的公众形象增色不少。纽约的一位市民就曾说："我最欣赏总统的是他知道自己想要些什么，犹豫不决跟他是绝缘的。"

布什表现出来的果断作风，让他赢得了美国民众的喜欢和支持，也为自己事业的发展开辟了更大的空间。其实，果断的作风不只是领导者所具备的，也是一个人所必需的职业素养，因为果断的结果就是先人一步，而这是获得成功不可缺少的先决条件。

在中国封建社会的舞台上，出过几位卓越的女政治家、女统治者，大辽国的萧太后就是其中一位，其影响和地位格外引人注目，她有着从不惧怕失败的精神，她以果断的个性书写了自己波澜壮阔的一生。

萧太后执政期间，正值五代结束，宋朝刚刚建国不久，用政治风云变幻无常来形容，丝毫不过分，况且大宋开国皇帝太祖曾对丞相赵普说过："卧榻之侧，岂容他人酣睡。"太祖弟太宗一刻也没忘记太祖一统天下的遗志。而辽国也久窥中原国土的富饶与肥沃，这种政治环境的险恶，既是对政治家敏锐头脑的严峻考验，更考验着政治家的素质。

986年，宋太宗闻知萧太后临朝以后，认为有机可乘，经过一番准备，于这年2月开始了大规模的北伐，宋军分兵北上。

西路军战报传来，萧太后临危不乱，沉着应战，她冷静分析，看清了宋军的意图，便从容布置。她命令驻扎南京（即幽州）的耶律休哥抵挡东路曹彬，并派兵增援，命令耶律斜轸为西路兵马都统，率兵抵挡西路潘仁美、杨继业一部。然后自己身着戎装，披挂上阵，率儿子圣宗亲临前线，指挥作战。萧太后纵观全局，指挥若定，毅然决定以主力对付宋东路大军。不久，她便率兵在涿州挡住曹彬，与宋军对峙。她摆出进攻的姿态却不出兵，只在夜间派小部分骑兵骚扰曹彬的大营，这样虚虚实实、真真假假，牵制着曹彬。萧太后此时已派耶律休哥深入曹彬背后，截断其粮道和军需供应，形成了前后夹击之势，曹彬被围，水源被断，人马皆渴。不久，萧太后在涿州西南的歧沟关大败曹彬，接着乘胜追击。在易州之东的沙河，惊魂未定的宋军见辽军追来，不顾一切地抢渡逃窜，踩踏溺死者大半，沙河为之不流。

在打败东路军后，萧太后全力对付西路军，她命令耶律斜轸连败潘、杨大军，使潘仁美屡吃败仗。当杨继业与耶律斜轸相遇时，辽军刚一交战便佯装败走。杨继业不知萧太后早已令耶律斜轸设下了伏兵，便挥师急进。辽军伏兵四起，耶律斜轸又杀了回马枪，潘仁美听到他败退的消息，便置之不顾，率兵先撤了。杨继业孤军奋战，因寡不敌众，突围不成。结果，杨继业所率将士全部壮烈殉难。杨继业被辽将萧挞览、耶律奚底等擒获。一代名将成为阶下囚，致使杨继业万念俱灰，绝食三日，壮烈殉国。

个性好强、从不服输的萧太后在夫死子幼的情况下，以果断的毅力，指挥三军大战幽州是何等气概！在她眼里，从不知什么是困难，在她执政期间，大规模的南下有多次，每次都常常是亲自披坚执锐，亲御大军。

大敌当前，萧太后没有眼泪和悲伤，而是以一种积极的态度去亲自出征应战。她的果断名不虚传，表现在她的果断刚毅、毫不气馁的做事原则上，她执掌大辽政权的时代是与大宋对峙的时代，在丈夫病死、儿子年幼的艰难困境里，她苦心支撑，从而维持了大辽的江山社稷。

犹豫是以无知为前提，果断不是冒险，它以洞察为背景。机会稍纵即逝，人的一生就是不断进行选择的过程，每个人每天都要作出这样或那样的决定，决定的内容小到生活琐事，大至事业决策。决定的难度也有所不同，作出决定的时间，短的几分钟，长的几小时，或者几天、几周。如果你是一个很难作出决定的人，那么在人生需要重大抉择的时候就会影响你的一切。

养成勤奋的好习惯

> 勤奋和努力就如同一杯浓茶，比成功的美酒更有益于人。一个人，如果毕生能坚持勤奋努力，本身就是一种了不起的成功，它使一个人精神上焕发出来的光彩，是绝非胸前的一排奖章所能比拟的。

良好的习惯是奠定成功的基石，养成勤奋的好习惯对赢取成功会起到至关重要的作用。成功是靠一步一个脚印走出来的，是经过长年累月的行动与付出积累起来的。虽然，任何人都会行动，但成功者却是每天都多做一点点，多付出一点点，所以，他们比别人更早取得成功。亚历山大·汉密尔顿作为美国最伟大的政治家，他曾经说过："有的时候人们觉得我的成功是因为自己的天赋，但据我所知，所谓的天赋不过就是努力工作而已。"

美国另一位杰出政治家丹尼尔·韦伯特在他70岁生日谈起成功的秘密时也说: "努力工作使我取得了现在的成就。在我的一生中，从来还没有哪一天不在勤奋地工作。"

凭借自己的勤奋与努力获得巨大成就的人数不胜数:

司马迁写《史记》花了15年。

司马光写《资治通鉴》花了19年。

达尔文写《物种起源》花了20年。

李时珍写《本草纲目》花了27年。

马克思写《资本论》花了40年。

歌德写《浮士德》花了60年。

牛顿在剑桥大学30年里，常常每天坚持工作十六七个小时之久。

这些名垂青史的伟人，哪一位没有付出辛勤的汗水呢! 勤奋从来就是一切成功者共有的品格。在所有的成功者中，不乏体魄强健者与羸弱者; 不乏出身显赫者与卑微者; 不乏见识渊博者与水平低下者……但却没有一个不是勤奋的。

勤和惰的分别，从远古时代就存在了。勤奋，就如同原始人的钻木取火，用一根木棒猛钻木板，这样可以产生火种，但谁也说不出要钻多久才能生出火来。有的原始人耐不住了，可能扔下木棒，吃生肉去了，最终仍为兽。有的原始人坚持不懈，于是木头终于起火，带来了火的文明。勤劳者吃上熟食，最终进化为人。

如果我们要使自己的生命非常有意义、有价值，就需要通过勤奋劳作来实现。民族要振兴，国家要强盛，就必然要有众多勤劳并做出了突出贡献的人。

一位成功人士曾这样说道："懒惰的人不是天生的，因为正常人都希望有事可做，就像大病初愈的人总是希望四处走走，做点事情。我不知道，有谁能够不经过勤奋工作而获得成功。怠慢会导致无所事事，无所事事会引发懒惰。勤奋可以引导兴趣，进而形成热情和上进心。"

几乎所有人都明白勤奋是通往成功的必备因素之一，但能做到这一点，并将其视为一种习惯的人却很少。因为"勤"，总是同"苦"联系在一起的。而甘于吃苦，一辈子勤奋努力，如果不是一个很有韧性的人，是很难做到的。

就像拉小提琴，其实入门还是比较容易的，但是要想达到炉火纯青的地步，可就不是一件容易的事情了。有一个年轻人曾问小提琴家卡笛尼学拉小提琴要多长时间，卡笛尼的回答是："每天13小时，连续坚持13年。"

以伟大的空想社会主义理论名噪于世的法国人圣西门，年轻时爱睡懒觉。为了克服这个坏习惯，他让仆人每天早上向他喊道："起来吧，伟大的事业在等待你！"听见这庄严的喊声，再想睡懒觉的他也只好起来了。

著名数学家华罗庚说过："我不否认人有天资的差别，但根本的问题是勤奋。我小时候念书时，家里人说我笨，老师也说我没有学数学的才能。这对我来说不是坏事，反而是好事，我知道自己不行，所以经常反问自己：'我努力得够不够？'"这些卓有成就的名人的做法和说法，应该引起我们的反思。毕竟勤奋的工作态度不仅会赢得老板的赞赏，也会得到别人的嘉许，还能给自己带来一份最可贵的财富——自信。

成功的一部分就是勤奋，勤奋能给我们带来的好处有很多，它可以帮助我们获得更多的时间，它可以帮助我们争取更多的机会，它还可以帮助我们获得别人的尊重和认可……

有一部分人做事邋遢，总是在拖延时间，明明今天可以完成的事情偏偏要拖到明天，他们还会给自己找一些借口，说自己的头脑不够聪明，说自己没有学历和经验，所以才没能取得成功。事实这些都是他们说给自己听的谎话。辛勤是可以帮我们弥补一些缺点的，虽然你的工作不是很出色，可是你一直都辛勤地工作着，相信你的老板一样会认可你。要知道我们比那些有一身本事，可处处偷懒的人要好得多。虽然我们的能力没有他们强，可是我们可以通过勤奋工作来获得经验，可以不断地学习、不断地提高自己，只要你有决心，即使自己不是很聪明，也一样会把工作做得很出色。只要我们付出辛勤就一定会有好的回报。相反，如果你做事邋遢瞻前顾后，你不注重眼前的每一天，那你注定会一事无成。

很多人习惯用薪水来衡量自己所做的工作是否值得，却忽略了一些更为重要的东西。比如，你的勤奋带给公司的是业绩的提升和利润的增长，而带给你的是宝贵的知识、技能、经验和成长发展的机会，当然随着机会到来的还有财富。实际上，在勤奋中你与老板获得了双赢，勤奋不只是为老板负责，更重要的是对自己负责。试想，一个公司不大可能因为你一个人的懒惰而一败涂地，但是因为你个人的懒惰，你可能一辈子都会一事无成。所以，你用不着抱怨，更不用自怨自艾，你需要做的仅仅是勤奋地工作。

如果一个人没有意识到这一点，那么，他在工作中就会琢磨：如何少干点儿工作多玩一会儿。结果过不了多久，他就会在人才的竞争中被淘汰。所以，享受生活固然没错，但怎样成为领导眼中有价值的职业人士，才是最应该考虑的。一位有头脑的、智慧的职业人士决不会错过任何一个可以使自己能力得以提高、才华得以展现的工作机会。尽管这些工作可能薪水微薄，可能辛苦而艰巨，但它对意志的磨炼，对我们坚韧性格的培养，都是极有价值的。所以，正确地认识你的工作，勤勤恳恳地努力去做，才是对自己负责的表现。

　　勤奋可以取得成功，但我们还应当意识到，勤奋并不等于事业肯定能够获得成功。在科学发达的现代社会里，如果不使自己的努力摆脱盲目性，增加科学性，那么，尽管你勤奋仍然不能获得很大的成就。现代人的勤要勤在思维上，这是知识经济时代的必然要求。既要保持自己勤奋不懈的好作风，又要研究生活中的新事物，勤于寻找巧干的门路，勤于选择一个最佳的突破口，使成功早日来临。

　　查理·帕克尔是一位爵士乐史上了不起的音乐家。但他曾经在堪萨斯城被认为是最糟糕的萨克斯演奏者。在长达3年的时间里，他的境况糟透了，他甚至连一家愿为他试演的剧院都找不到。他在逆境中拼搏，通过每天11~15个小时的刻苦练习，2年后，他的独奏变得非常轻盈，又充满惊异和勃勃生机。炉火纯青的技巧终于使他开创了一种前无古人、后无来者的音乐风格。

同时我们也要警惕，如果不是抱有远大的目标，勤奋就很难持之以恒，不是因挫折而怠惰，就是因成功而松懈。难怪萧伯纳要说："人生有两出悲剧，一是万念俱灰；另一是踌躇满志。"这两种悲剧，都会导致勤奋努力中止。

有自知之明的人，总是对所获成功淡然处之，生怕妨碍了自己继续前进的步伐。因此，我们保持戒骄戒躁的态度，保持勤奋进取的精神境界。居里夫人获得诺贝尔奖之后，照样钻进实验室里埋头苦干，而把代表荣誉与成功的奖章丢给小女儿当玩具。实际上，在他们看来，人生最美妙的时刻是在勤奋努力和艰苦探索之中，而不是在摆庆功宴席的豪华大厅里。

积极思考

　　　　善于思考是一切智者与愚者的根本区别。善于思考的
　　人总是可以从生活的一个胜利走向另一个胜利。在遇到失
　　败和挫折时，也总是能够设法摆脱困境，并始终以一种积
　　极乐观的心态面对生活。

　　许多年前，罗丹就雕塑出了有名的"思想者"的雕像，告
诉了我们思考的力量。

　　科学历史上有一个很有名的故事。有一位科学家在家的时
候，不小心打碎了妻子喜爱的花瓶，花瓶非常漂亮而且价值不
菲。正当妻子因为这只心爱的花瓶破碎懊恼和惋惜的时候，科
学家忽然灵机一动，想要做一个实验。

　　他收拾起了地上的每一块碎片，通通搬到了自己的实验室

里。妻子大为不解，不知道她的丈夫接下要干什么，但是她已经习惯了这位科学家丈夫的奇思怪想，没有去管待在实验室里的丈夫。

科学家把花瓶的碎片按大小排列，并称出了每一块的重量。他收集了大量的数据，并经过艰苦细致的运算后，他发现了一个有趣的规律。在所有的碎片中，10~100克的最少，1~10克稍多，0.1~1克的和0.1克以下的最多。尤其是这些碎片的重量之间有着严密的倍数关系：最大的碎片与次大碎片的重量之比是16：1，中等碎片与较小碎片的重量之比也是16：1；较小碎片与最小碎片的重量之比也是16：1。

他惊奇地告诉他妻子这个自认为伟大的发现。妻子没有出现如他所想的兴奋，甚至有点冷淡地说："这样啊，16：1，挺有趣的，但是，亲爱的，这又有什么用呢？"这倒提醒了科学家。"是啊，这能有什么用呢？"他不断地思索这个问题，刚才的兴奋也早已成了过去。

科学家不断尝试，也许这个发现能用于考古研究和天体研究。原理就是按照打碎花瓶的重量规律，可以由已知文物、陨石的破残碎片推测它们原来的状况，用以迅速恢复他们的原貌。事实证明，这个大胆的假设是可行的，他为考古和天体研究提供了一种科学的方法，推动了考古和天体研究的发展。这位科学家也因为他杰出的成就被大家纪念。

花瓶碎了，科学家思索着从打碎的花瓶中寻找什么。他找到了，并把他应用到了工作中，推动了科学的发展。每天在这个世界上又有多少花瓶被打碎，我们没有思索，往往把打碎的花瓶碎片一扔了事。成功人士并不一定比我们有着多少优越的条件，重要的是他们对待任何事情都会思索探究。

我们每个人都有自己不同的思想，无论是什么样的，它都将改变一个人的人生。人是没有权利选择自己的命运的，但是不同的思想可以决定不同的命运。

如果一个人的思想是邪恶的，他总想左右时间、空间，想凭着自己的诡诈和计谋来达到自己所想达到的目标，那么他最终的结果一定就是失败。

如果一个人的思想是善良的、进步的，处处严于律己，机会就一定会靠近他，尽管他可能经历了种种的磨难和痛苦，可是他最终一定会取得成功。因为他有一个积极的、很好的思想，使他能够正确对待和解决一切困难。在我们很坦然地去对待困难的时候，就会发现，其实困难并不是不可战胜的。

思想对我们人生的影响是巨大的，如果把我们的心灵看作一块田地，你去精心地耕耘它，那么最终你一定会得到一个好的收成。相反，如果你不去理它任它荒掉，那么最后你的结果就有可能是颗粒无收。

其实思想就是我们面对问题的态度，它和我们的人格是一体的。每个人都会因为周围的环境而影响到自己，大家都通过身边不同的环境和机遇努力地接近自己的目标，而在这期间思想是决定我们有怎样结果的主要因素。

如果一个人能够不断地进步，很清楚自己的发展方向并且拥有一个健康、积极、乐观的思想，那么我们所树立的目标将很快就会实现。因为当他们有了这样的思想后，不管受到外界什么样的影响他们都不会改变自己，在遇到困难的时候他们都会很坦然地接受，并且会积极地去解决。

要是你发现自己一直不能掌控自己，而是被周围的环境左右着，被命运掌控着，就说明你还没能够掌控自己的思想，一旦你可以掌控并调节自己的思想，你就完全可以把自己的命运掌控在手中。

在我们实现自己理想的过程中都会遇到一些困难和挫折，无论你是战胜了困难，还是选择了逃避，存在你内心明亮或者是昏沉的思想都会有所成长，而这些思想就是决定我们命运的主要因素。如果你成长的是光明的思想，在面对事情的时候就会表现得宽宏和包容。如果你成长了昏沉的思想，你的心胸就会变得狭隘，即使是一件微不足道的小事你都没有办法用一个平常心去接受。

很多人都在尽自己最大的努力来改善自己的生活环境，他们都希望有所成就。可他们并没有注意调整自己的思想，以至于尽管他们付出了很大的努力，可最终还是没能够改善自己的生活环境。想要取得成功就必须付出努力。这个道理想必人人皆知，可有时候在我们付出努力时，如果没有把思想调整好，尽管你付出了努力，可也不一定就会取得成功。

小约翰最近一直很难过，闷闷不乐。于是，约翰的父亲带着小约翰离开了家，来到了市郊的一个小镇上，他们一起爬上教堂高高的塔顶上面。小约翰心里一直在想，带我来这地方干吗？

坐在塔顶上，父亲对着小约翰笑笑："往下看，孩子！"

小约翰鼓起勇气，朝脚底下看去，只见星罗棋布的村庄环抱着罗马，如蜘蛛网交叉扭曲的街道，一条条通往罗马。"好好瞧吧，亲爱的孩子，"父亲温柔地接着说，"通往罗马的路不止一条。生活就是这样，如果发现走这一条路达不到目的地，就走另一条路试试。"

小约翰想自己明白了父亲带他爬上这里的原因。前几天，约翰向母亲说过食堂的午餐太糟糕了，想让母亲帮助他向学校反映情况，可母亲不信。后来，他求助父亲，父亲当时没有说什么。他现在明白了父亲的意思，在回家的路上他已经想到了办法。

第二天去学校用午餐的时候，小约翰偷偷地把汤倒进他带的饭盒里带回了家，并对家里的厨师说，晚饭的时候把汤端上去让妈妈尝尝。这办法很有效，妈妈尝了一口就连吐口水，埋怨这个厨师是不是疯了。接着，约翰就把他自己做的事讲给了母亲听，母亲这回相信了，她决定明天就去学校反映这个情况。

父亲教给小约翰的这个生活哲学，很快在很多时候起了作用。小约翰一直想成为一名服装设计师，然而要成为一名服装设计师并不是那么简单，即使你满身的才华也不见得能美梦成真。小约翰没有止步不前，还是动脑筋、想办法，因为他已经知道了办法总比问题多。

约翰为了理想来到了全世界的时装中心。仔细浏览了那些著名的时装设计，没有能让约翰灵感爆发的作品。有一天，约翰遇到了一个朋友，他立即对这位朋友身上穿着的非常漂亮的毛衣产生了浓厚兴趣。他觉得虽然颜色朴素，但是编织却很巧妙。他询问了这件毛衣的编织者黛戴安太太是如何编织的，并自己学会了其中的技巧。

约翰继续动脑筋，想出了一种更为新颖的毛线衣的设计。接着，一个个大胆的念头涌进了约翰的脑中：他利用父亲的商号开了一家时装店，从毛线衣开始，自己设计、制作和出售时装。

约翰马上行动，他设计了一个蝴蝶花纹的毛线衣设计图，请黛戴安太太先打了一件。毛衣十分漂亮，约翰让自己的夫人穿着毛衣去参加一个时装商人举行的晚宴。约翰的夫人成了宴会上的焦点，夫人们纷纷过来打量她身上美丽而独特的毛衣。当得知这件毛衣是约翰自己设计制作的时候，大家纷纷向约翰下了订单。结果一个晚上他成功地拿到了200件毛衣的订单。约翰高兴地拿着订单直接找到了黛戴安太太。

黛戴安太太听说要做200件，而且要在一个月内完成。脸上高兴的表情马上不见了。她告诉约翰，她织这一件毛衣差不多花了一个星期，就算再快，她也完成不了一个月200件的任务。约翰听了黛戴安太太的想法，觉得是自己太过兴奋了，没有考虑到自己商店的能力，于是马上又灰心丧气起来。

当他决定去告诉客户自己困难的时候，他想一定还有办法能解决。走到半路他又回到黛戴安太太家，劝服黛戴安太太和他一起去寻找能织这种毛衣的人。他们调查了几乎所有住在巴黎的美国人，终于找到了25名能编织这种毛衣的人。一个月后，200件毛衣准时地完成了。接着，成功不期而至，约翰的服装受到明星和贵妇人的宠爱，他的商店也取得了巨大的成功。

故事到此结束，意义很简单，遇到困难的时候不要停止思考，办法总比问题多，通往广场的路又怎么能只有一条呢？

我们应该调整好自己的思想，它对我们的工作和生活影响非常大，思想是决定我们取得什么样人生的关键。在做事的时候我们要学会积极主动去思考，如果能将其视为一种习惯的话，将会让我们受益终身。

胸怀宽广

> 世界上最宽阔的东西是海洋，比海洋更宽阔的东西是天空，比天空更宽阔的是人的胸怀。

——雨果

一个人只有学会宽容，才有包容万物的气度，他的胸怀便如大海般宽广，任波浪滔天，一切尽在掌握。宽容是每个成大事的人所必须具有的素质，他可以吸收所有人的力量而为我所用，他可以集合所有人的智慧铸就自己的辉煌。

拿破仑在长期的军旅生涯中养成了宽容他人的美德。作为全军的统帅，少不了训斥部下，但他每次都能照顾到士兵的情绪。他对士兵的这种尊重，也使整个军队更加团结，手下的将领也更愿意为他卖命，而这种凝聚力也让他的军队成为一支攻无不克、战无不胜的劲旅。

在一次战斗中，拿破仑夜间巡岗时发现一名巡岗士兵倚着旁边的大树睡着了。他并没有责骂他，也没有将他叫醒，而是拿起他的枪替他站起了岗。士兵醒来后见到主帅，心中十分恐慌，急忙向拿破仑请罪，但拿破仑却很和蔼地对他说："你们作战很辛苦，又走了那么远的路，打瞌睡是可以原谅的，但是目前一疏忽就有可能送了你的小命，我不困，所以替你站了一会儿，但下次一定要小心。"

正是因为拿破仑的这种宽容，让他在士兵中树立了很高的威信，所以他的士兵才可以横扫欧洲，建立了法兰西帝国。

宽容是一种开朗，是一种心智极高的修养，也是一种理念，一种至高的精神境界，说到底是对待人世的一种态度。

凡是宽容的人都比较乐观豁达，他们对一些事情能够看得开，想得远，还能够对别人的不同意见从理解的角度出发，即尊重别人的不同想法，从不把自己的观点强加于人。从不是那种"顺我者昌，逆我者亡"的极端个人主义。宽容的人能够给予别人思考和表达见解的权利，宽容带给我们的是和谐和进步。

一个人要想成功，不能只想着自己，只顾及自己的感受，应该站在别人的角度来进行换位思考，从不同角度多为别人着想，别人也会将心比心，一旦你有需要也会得到他们的支持，成功也会慢慢走近你。

有一位哲人说过：宽容和忍让的痛苦，能换来甜蜜的结果。能否宽谅曾经反对过自己的人，是能否做到成功用人的一个重要方面。对于现代的领导者来说，要想吸引能人，做到成功用人，就必须要有宽大的胸怀，要具备宽容体谅反对者的素质。对于一个企业家而言，如果其具有不计前嫌的胸襟，直接关系到他能否纳才、聚才和用才，而且也关系着企业的发展前途。因此，一个优秀的领导者对于有才华的反对者就应以宽广的胸怀、大度的气量主动去接近、重用他们，让他们感受到你的爱才之心和容才之量，从而使他们改变对你的态度，并愿意为你所用；同时，也使你更富有吸引优秀人才加盟的个人魅力。

在唐朝时期，有一个吏部尚书，胸怀宽广，心境豁达，满朝大臣都对他敬重有加。

他有一匹皇上赐予的好马和一个马鞍。一次，他的部属没有和他商量，就骑着他的好马出去了。不巧的是，那个部属不小心把马鞍摔坏了。下属吓得不知所措，只能连夜出逃。

吏部尚书了解事情的经过后，马上让人把他找了回来。当然，所有的人都为那个部属捏了一把汗，但出人意料的是，吏部尚书笑了笑对他说："皇上的赏赐只是对我的能力的认可，而并非是一个马鞍。你又不是故意弄坏了马鞍，完全不必像犯了滔天大罪似的逃跑。"

还有一次，吏部尚书在一次战争中得到了许多稀世珍宝，回来后，他就拿出来与大家一起欣赏把玩。其中一个非常漂亮的玛瑙盘，被一个部属不小心摔了个粉碎。这个惹了大祸的部属吓得立刻跪了下来赔罪，但吏部尚书却宽容地对他说："你不是故意的，你没有错啊！"大家见吏部尚书一脸轻松的表情，一颗悬着的心总算落了地，而且对他是更加敬佩。

面对繁杂的大千世界，宽容是居高位者所必备的素质，对于所谓的"异己"，如果在不涉及大是大非的前提下，就应该不去打击、贬抑、排斥，而是应该学会宽容、包容、赞美和与其和谐共处，有如文中的吏部尚书一样。

一个人的胸怀，决定一个人的气度。一个人的气度，又决定了一个人的作为。如果你心中只有自己，那么能利用的也只有自己，就算你再有才华，也难以作出多么辉煌的业绩。只有敞开胸怀，以一种包容的心态接纳一切，我们才有望取得成功。

在这个竞争激烈、商业味十足的社会里，合作无时无处不在，作为社会中的人性格迥异，千差万别。要想合作成功，就不要拘泥于对方的缺点，也不要太过于计较利益，只要能够"互惠互利、合作共赢"就可以了。如果你一直是个"个性十足"的强硬派，丝毫不肯宽容退让，而失去了合作，错失了生意良机，到头来吃亏的还是你自己。即使面对一个经常反对、掣肘你的人，哪怕是你的竞争对手，你也要保持一颗宽容之心，最后往往会"化干戈为玉帛"，说不定还会成为你的嫡系和死党。因为你要知道，如果一味地针尖对麦芒的话，实质上是自己给自己过不去，生气烦恼的是自己，这无异于是给自己制造麻烦，于人于己没有任何好处。

别人与你的意见不一致时，你也不要强迫对方接受你的观点，这体现为宽容。去了解对方想法的根源，并找到他们意见提出的基础，就能够设身处地为他人着想，提出的方案也更能够契合对方的心理而得到接受。提高效率的唯一方法，就是消除阻碍和对抗。每个人都有自己对人生的体验和看法，你应该尊重他人的知识和体验，并且积极汲取其中的精华，为己所用，做好扬弃。

一次，科学家普鲁斯特和贝索勒展开了一场长达9年的争

论，定比定律是他们争论的焦点，双方各执一词，不肯退让。争论的结果是普鲁斯特胜利了。定比这一科学定律的发明者的桂冠，被普鲁斯特摘取。然而他并没有因此沾沾自喜，反倒真诚地对曾经和他激烈论战过的贝索勒说："如果没有你的质疑，今天就没有我深入研究的这个定比定律。"

与此同时，普鲁斯特特别向公众宣告，定比定律的发现不只是他一个人的功劳，还有贝索勒的功劳。不计较别人的反对与态度，还长于发现别人的优点，并吸收其精华，让人感动的宽容。

每个人都会犯错误，都会有被别人伤害的经历。然而随着时间的流逝，要能够坦然面对那些落在身上的痛，并且学会用一种宽容的心去面对，不仅觉得自己并没有损失，反而因此从中获益，让自己的心志得到磨炼。如果仅仅把目光盯在别人的错误上，思想就会变得沉重，对人对事就会有一种不信任的态度，让自己的思维受到限制，同时也限制了对方的发展。背叛，也可以容忍。坚强的人是能够承受住他人背叛的。

富兰克林说："宽怀大度的人应当袒露自己有一些缺点，以便使朋友们不致难堪。"如果一个人不能有宽广的胸怀，不能虚怀若谷，他就不会知道别人的见解和想法，也不会吸收别人的优点和长处，他们会处在一个闭门造车的境地，失败对于他们来说是不可避免的。只有宽容的人，才能够善于完善自身的发展和提高素质。

宽容就是忘却。时间是良好的止痛剂。学会忘却，生活才有阳光，才有欢乐。斯特恩曾说："只有勇敢的人才懂得如何宽容；懦夫决不会宽容，这不是他的本性。"那么从现在起，你是去做个勇敢的人，还是做个懦夫呢？

真诚待人

在社会交往中，每个人都希望自己能成为一个受欢迎的人，然而，并不是每个人都能意识到：要使他人喜欢自己，首先你要喜欢他人。这种喜欢必须是真诚的、发自内心的，决不能另有所图的。

一个人要真正受人爱戴就绝对少不了真诚，唯有真诚，才能引起人们发自内心的喜欢。而虚情假意、矫揉造作，固然也能够取悦于人一时，但一旦被察觉，那博得的好感便会荡然无存。

生活中，有不少这样的人，他们八面玲珑，可以在各种关系之中游刃有余。但他们为人却缺少真诚，哪怕相识满天下，知心却没几个。只有学会真诚，我们才能够获得别人的信任，从而为自己赢得友谊和尊敬。

老詹姆斯在自己的土地上种玉米。根据自己多年的经验，他不断改善玉米的品种，希望可以增加产量，减少虫害。后来，通过杂交，他研发出一个新的品种。这种玉米产量很高，而且抗病虫害的能力很强，为此，他被授予"蓝带奖"，那是美国农业界的最高荣誉。

取得这样的成就之后，老詹姆斯便把自己辛辛苦苦培养出来的品种分给周围的农民，以使他们也可以有更好的收成。有些人对他的这一行为感到不解。一些朋友甚至劝他申请专利，那样将会有一笔不菲的收入。但老詹姆斯并没有这么做，他告诉朋友，玉米是虫媒植物，如果邻近地里的玉米品种不好，那么经过昆虫的传粉，几代之后，他的新品种就会被同化成低劣的玉米，因此，为了使这种玉米永远保持高产，最好的办法就是将附近的玉米变成相同的品种。这样，玉米的品质便可保持不变。

如果我们每个人都有老詹姆斯的智慧，那么每个人的生活都会变得更加舒适。因为在为别人提供便利的同时，自己也得到了回报。这样，整个社会就会进入一个良性循环之中。当然，我们并非为了获得回馈才努力付出与服务的，那样只会让我们的思想变得偏颇。但是如果你的所作所为在为别人提供方便的同时，又可以满足自己的要求，那岂不是一件两全其美的事情？

罗塞尔·赛奇说："坚守信用是成功的最大关键。"美国成功学大师奥里森·马登也曾这样说道："任何人都应该拥有自己良好的信誉，使人们愿意与你深交，都愿意来帮助你。"但是，也有人有这样的看法，即认为一个人的信誉是建立在金钱基础上的，只要有钱，就有信用。曾经有一位哲人说过："当一个人的所有性格特征和承诺一样庄严神圣时，他的一生就拥有比他的职位和成就更伟大的东西——诚信，这比财富更重要，比拥有美名更持久。"事实也的确如此。和良好的信誉、高贵的品质、聪明的才干、吃苦耐劳的精神比起来，亿万财富实在算不上什么。

著名心理学家亚佛·亚德勒在他的著作《人生对你的意识》中说过："对别人不感兴趣的人，他一生中的困难最多，对别人的伤害也最大。所有人类的失败，都出于这种人。"爱，是我们人类得以存在的根源。因为爱，我们才来到这个美丽的星球之上；因为爱，我们才可以在艰难的环境中得以生存。每个人对爱都有一种渴求，没有爱的人生就会变得寒冷而又无情。而真诚地对待别人就是出于一种爱，一种伟大的可以推广到一切事物的爱。

美国纽约的一家公司对本公司电话中的谈话做了一个统计，想找出哪一个词最常在电话中被提到。结果出来了，这个词就是"我"。

每个人都有一种心理，那就是希望自己可以得到别人的重视。但是，如果你把所有的时间都花在表现自己身上的话，那么就永远不会获得许多真实而诚挚的朋友。你只有学会真诚地对待别人，学会对他人感兴趣，才可以赢得他人的友谊。

我们的先人，一直教导我们要以诚待人。孔子说过："己所不欲，勿施于人。"孟子也说过："爱人者人恒爱之，敬人者人恒敬之。"老百姓的说法就更加简单了："投之以桃，报之以李。""你敬我一尺，我敬你一丈。"真诚，换来的往往也是真诚。让自己真诚待人，你也会有更多的可以推心置腹的朋友。

中国有句古话：有心栽花花不发，无心插柳柳成荫。当你学会以一颗博爱的心来对待这个世界的时候，你同样会收获一份真诚的回报。

一位老禅师信步走在山路上，看见草丛中有件东西在闪闪发光。走过去一看，原来是块宝石。老禅师见状，顺手捡起来放进行囊中继续前进。走了不多久，遇到一个行人，这个人风尘仆仆，满脸倦容，十分疲惫。老禅师见他步履蹒跚，便好心地从行囊中取出一些食物给他，谁知行人一眼瞥见了那块硕大的宝石。他说自己是做珠宝生意的，问老禅师是否可以将宝石借他一看。老禅师笑道："不要说看，送你也无所谓啊！"行人一听，大喜过望，连忙伸手去接宝石，仔细观赏了半天，便放入自己怀中，谢过禅师，径自走去了。

老禅师继续向前走。但是没走多久，听到背后有人在喊自己的名字，回头一看，原来是刚才的那个行人。老禅师停下脚步，双手向他一摊："如果你是来要宝石的，那我可是没有了。"行人满脸歉意地把宝石归还给禅师说道："大师，我可不可以向您要一件更宝贵的东西？请您把舍弃这颗宝石送我的力量赐予我吧，那才是最宝贵的！"

真诚，出于对他人的一种信任，更是对别人的一种爱。只有明白这一点，才能确认自己存在的无限价值，才能使得我们生命的潜能得到无限的发挥。

真诚，从某一方面来说是对别人的一种尊重，一种热爱。它可以给我们一种安全感、稳定感，可以让我们获得别人的爱和信任。如果你的心中没有这种品质，精神生活就会充满空虚。

　　让我们学会真诚，真诚地对待别人。真诚与无私常常是相依相伴的，它要求我们要懂得付出。一个人如果自私自利，就会把自己的利益放在首位。为了自己受益，他们宁肯牺牲别人。这样的人，是永远不会真诚地对待别人的。当你学会真诚地对待别人的时候，你的友情之树将会常青，而人脉的提升也会使你的事业越来越顺利，从而取得成功。

常怀感恩

> 感恩要和心理安慰区别开来，它不是对别人和自己的姑息纵容和迁就，也不是那阿Q式的精神胜利法。它是源于对生活的一种赞美，一种积极向上的心态。

世界潜能开发大师安东尼·罗宾说过：成功的第一步就是先存有一颗感恩之心，时时对自己的现状心存感激。"一个小孩因为他没有上更好的贵族学校而闷闷不乐，直到他从电视上看到偏远山村失学的孩子。""一个有房没车的人因为没有车而郁闷，直到他看到一个为租房而掏出大把钞票的人。"

生命是一条美丽而曲折的幽径，需要人们用心去感受，去珍惜。感恩是爱的根源，也是快乐的源泉。如果我们对自己的一切都能心存感激，都能从感激中得到快乐，我们的人生便是有意义的人生，我们的感激便会感染身边的每一个人，使我们时时拥有一个好的心情来面对生活。

感恩像其他受人欢迎的性情一样，是一种习惯和态度。你必须真诚地感激别人，而不是虚情假意。

怀有感恩之心的人会对生活有着更多的了解，懂得美好生活来之不易，常常知足常乐。感恩不是炫耀，不是停滞不前，而是把所拥有的看作是一种荣幸、一种赏赐、一种鼓励，在深深感激之中进行积极行动，与他人分享自己的拥有。

生活中，每个人多少总会遇到一些挫折和坎坷。就像有晴天，就一定会有阴雨连绵一样。但是，我们不能因为如此就对生活失去了希望，就对自己失去了信心。某些时候，我们应该感谢逆境，因为它让我们的生命得到磨砺。"宝剑锋从磨砺出，梅花香自苦寒来。"你想得到成功，就必须付出汗水；你想有所成就，就一定要经受得住生活的磨炼。所以，没有必要自怨自艾。我们应该学会感恩，只有这样，才会懂得：风雨过后是彩虹。

一位功成名就的人士曾经这样说过："是一种感恩的心改变了我的人生。当我清楚地意识到我无任何权力要求别人时，我对周围的点滴关怀都满怀强烈的感恩之情。我竭力要回报他们，我竭力要让他们快乐。结果，我不仅工作得更加愉快，所获帮助也更多，工作更出色。我很快获得了公司加薪升职的机会。"

生活中，我们要学会将自己的心态归零。抱着学习的态度，每一次都视为一个新的开始，一种新的体验。不要计较一时的得失。当你有了这种心态之后，就会全力以赴投入工作和生活中。而一旦机会降临到你身上，也定会顺水推舟如鱼得水。

使我们感到不安的，并非周围的环境，而是我们躁动的心。当你心如止水时，哪怕外面波浪滔天，你仍可以稳坐自己的钓鱼台。

懂得感恩，就会懂得付出。而当你付出之后，哪怕你已不再奢求，成功还是会来敲你的门。因为，不经意间，你已经领略到成功的真谛，那就是学会付出。

一份感恩的心基于对生活一种深刻的认识：父母为你带来了生命，师长为你带来了知识，公司为你提供了发展的平台，国家为你提供一个安定和谐的环境。因此，你应尽自己的最大努力来报效国家，尽自己所能来投入工作，用自己的全部来感谢自己的父母和师长。在这一过程中，你不断地发展和完善自己，使自己进入一个良性循环当中。

一个不懂感恩的人，对生活总会带着一种敌视的态度。

或许他已经得到了许多，但却并不知道满足。他只知索取，却不懂付出。欲望如无底的深渊，因此阻塞了感知，从而不知何为快乐。自私不懂付出的性格又让他们在工作中停步不前。但是，所有的这一切似乎又是生活的错，从而更加怨天尤人，自怨自艾，使所有的一切向着更坏的方向发展。

可能对大多数人来说，不容易产生感激之情。因为把注意力集中在我们希望或者我们需要的东西上面，要比认识到我们得到了什么更容易。如果我们想树立或者保持一种强烈的积极心态，就要培养一种积极的感恩意识。杰拉尔德·肯尼迪主教说："当一个人意识到是信念、梦想和希望使他生活中的一切成为可能的时候，他越伟大，就会越谦逊。任何一个人为自己的成就感到骄傲时，就让他想一想他从前从别人那里得到的一切。是他们的信念帮他校正了生活的方向，他最好的奋斗目标就是去实现他们的信念。"

感激之情是经过我们不断培养起来的。换言之，就是在我们的奋斗过程中，我们不要只顾埋头拉车，也要抬头看路。要在每个月花上一两天的时间想想自己想要的东西是什么？在我们得到自己想要的东西后，我们是否具备了真诚的感恩之心。如果我们做到了，我们就会和大自然贴得更近。如果我们成功了，却把朋友置之脑后，那我们的生活就会充满痛苦。

许多人从没有真正感受或是表露过感激之情。所以他的人生是黯然失色的。例如，有一个乐于助人的青年遇到了困难，想起自己平时帮助过许多朋友，于是去找他们求助。

然而，对于他的困难，朋友们全都视而不见、听而不闻。

"真是一帮忘恩负义的家伙！"他怒气冲冲地说。

这位年轻人的愤怒是这样的激烈，以至于他无法自己排遣，百般无奈，他去找一位智者。

智者对他说："助人是好事，然而你却把好事做成了坏事。"

"为什么这样说呢？"他大惑不解。

智者说："首先，你开始就缺乏识人之明，那些没有感恩之心的人是不值得帮助的，你却不分青红皂白地帮助，这是你的眼拙；其次，你手拙，假如你在帮助他们的时候同时也培养他们的感恩之心，不致让他们觉得你对他们的帮助天经地义，事情也许不会发展到这步田地，可是你没有这样做；第三，你心拙，在帮助他人的时候，应该怀着一颗平常心，不要时时觉得自己在行善，觉得自己在物质和道德上都优越于他人，你应该只想着自己是在做一件力所能及的小事。比起更富者，你是穷人；比起更善者，你是凡人。不要觉得你帮了别人，就应该得到别人的回报，你应该这样想：是上帝借着你的手帮了别人，一切归于上帝，不要归于你自己。只要你随时有这样的观念，并努力去做！你只要打开心扉，让别人听到你想说的每一句话，感受到你每一次亲切的行动，而不需要刻意去想你该怎么做，那么，你就是快乐的。"

年轻人听智者说完之后想道：为什么人类总是隐藏他们感激的心情呢？或许是人与人之间的摩擦，摧毁了他们感恩的心，或相互的伤害抹杀了彼此的和气，也可能是他们习惯了没有感激的日子，自己也不懂得。这是本末倒置的做法，不是吗？

生活中，许多人奉行的原则是"你满足我的需要，然后我才满足你的"，这种方式很少能发挥效果。一个人这么渴望别人付出感激之情，相对的也希望获得别人的接受和赞同。但在这个过程中，这个人难免会痛苦、悔恨，甚至变得没有自信。其实这时候只需要几句感激的话或一点儿感激的行动，就能使一个人活得快乐、自在，我们何乐而不为呢！所以，在生

活中，我们是否向父母表达过我们的感激之情，只因为他们是
我们的父母，我们就可以忽略了这一点？因此，对父母心存感
激，就会常怀孝心，常有孝行。父母给了我们生命，还有什么
比这更贵重的礼物呢？没有他们，世界上就没有我们的踪迹，
人海中就没有我们自己。

　　对他人心存感激，我们就会看到一切事物都是美好的。因
为心存感激将使我们的心和我们所企盼的事物联系得更紧密，
心存感激将使我们获得力量，使我们对生活、对一切美好事物
更加向往。

珍惜时间

　　　浪费时间就是挥霍生命。浪费时间是生命中最大的错
误，浪费时间是幸福生活的扼杀者，是绝望生活的开始，是
最具毁灭性的。大量的机遇就蕴含在点点滴滴的时间之中。
事实上，明天的幸福就在我们今天点点滴滴的时间中。

　　"一寸光阴一寸金，寸金难买寸光阴。"我们的古人用自
己的切身经验教育我们要认识到时间的宝贵。时间的确是宝贵
的，哪怕你有敌国之富，也难以让它的长度延长一寸。时间似
乎又是廉价的，因为你可以不花一分钱就得到它。对于时间的
认识不同，对时间的利用也就不同。有些人，珍惜生命里的每
一分钟，每天像上紧的发条一样不停地奔跑。有些人，每天优
哉游哉，想尽一切办法来打发时光。

　　但是，无论什么样的人，曾经珍惜过时间的也好，曾经浪

费过时间的也好，在他生命的最终时刻，都会意识到时间的可贵。他们希望它可以延长、再延长，但它却始终那么公正，每天以不紧不慢的速度前进。

有一些成功人士，因为工作很忙，用于接待客人的时间都要受到限制，谈话最多不会超过几分钟，对于这样的人来说，时间就是生命。如果有这样的人士和你有约定，而你在应约的时间没有到，那么，你不仅失去了这次交往的机会，而且可能失去了以后和这个人交往的机会。因为，你在约定的时间内没有到达目的地。这时你应该告诉他，由于什么情况和什么原因造成了失约，以得到他的谅解。或者在约定时间时也可采用弹性时间，这样被约者也可以安排一些放松性的活动。总之，在交往中守时守诺是一个人品格和作风的一种体现。一个不守时的人给人留下的印象是不可靠的，仅凭这一点，你就失去了与人建立交往或者最佳的生意机会。一个人言而有信、遵守时间是尊重他人的表现。

我们说上帝是公正的，给每个人的时间都是一样的，可是时间也是公正的，它不会因为你的懒惰、你的浪费而给你保留，它只会悄悄地来，悄悄地走，聪明的人就会把它抓住，利用它，让它给自己创造财富，创造未来，创造成功。

英国著名博物学家赫胥黎很形象地说："时间是最不偏私的，给任何人都是24小时，同时时间也是最偏私的，给任何人都不是24小时。"每个人每天都会拥有24小时，但是每个人在这同样的时间内获得的收获却完全不同。有些人充分利用每一分每一秒，使它的功效发挥到最大。而有的人则可能在这段时间里毫无所获。

翻阅所有伟大人物的成长史，几乎都是一个和时间赛跑的过程。马克思曾经说过："我不得不利用我还能工作的每时每刻来完成我的著作。"列宁也同样在和时间赛跑。他总是十分珍惜时间，把生命里的每一分钟都献给了革命。连这样伟大的人物都不敢浪费时间，我们这些平凡人又有什么资格去挥霍它呢？

时间是宝贵的，时光的流逝也是无情的。它会令我们曾经光洁的皮肤衰老，会令我们明亮的眼眸渐渐失去光泽。但在我们慨叹岁月无情之时，它又在我们的眼前匆匆流逝了。朱自清曾在他的散文《匆匆》中写道："洗手的时候，日子从水盆里过去；吃饭的时候，日子从饭碗里过去；默默时，便从凝然的双眼前过去。我觉察他去得匆匆了，伸出手遮挽时，他便从遮挽着的手边过去；天黑时，我躺在床上，他便伶伶俐俐在从我身上跨过，从我的脚边飞过。等我睁开眼和太阳再见，这又算是溜走了一日。我掩着面叹息。但是新来的日子的影子，又开始在叹息里闪过了。"

　　一个人，只有认识到时间的宝贵，才会懂得珍惜。一个懂得珍惜时间的人才会在最短的时间内做出最多的事。而浪费时间，就等于在浪费自己的生命。在现代社会，时间的重要性就更加突出了，它已不仅仅代表金钱，代表生命，还包含其他更重要的东西。比如，机遇，比如信誉等。如果你不希望自己的人生被白白的消耗掉，就要学会充分利用时间。时间管理，已成为我们人生中重要的一课。

　　（1）学会应用帕累托原则。这个原则是由19世纪末20世纪初意大利著名的经济学家及社会学家帕累托提出来的。其主张是，在任何一组东西之中最重要的通常只是全体中的一小部分，正是这一全体中的小部分决定了整体的成败。

　　整理一下你的工作资料，或许会发现这样一个现象：公司80%的订单来自于20%的业务员，80%的成交量来自于20%的客户，80%的电话来自20%认识的人。因此，这20%就是决定你全局的少数，当你抓住这些关键之时也就等于掌握了全局。

　　然后，在你做事之前，就要对其进行充分的分析：哪些事情最重要，哪些事情可以暂缓，哪些事情无关轻重完全可以舍去。这样，你做起事来会更加有效率，也会更加轻松。

（2）学会分配时间。当你对事情的重要性有了一个清楚的认识之后，接下来要做的就是如何来对自己的时间进行分配。有些事情因为重要，所以难度也会特别大，因而可能会占用你的大部分时间；有的则可能很轻松地就搞定了。当你根据事情的重要性而对自己的时间进行一个大体的分配之后，就会避免在不必要的事情上浪费太多的精力，从而影响到工作的进度。

（3）不要等待，现在就做。你想去做一件事，但是内心深处却有一个声音对你说："不急，等一会儿再说。"于是，你听从了它的命令，将手头的事搁置了下来。但是，时间越是拖得久，我们就越是怠于行动。于是，最后只能不了了之。

其实，除了现在，我们并不能把握住其他时刻。因为将来或许会有更加重要的事等着我们去做，而过去的则已经过去了，我们没有能力再去将其追回。如果连现在你也荒废的话，请问还有多少时间是属于你的呢？

如果我们每个人可以克服自己的懒惰，使自己专心致志于现在，那你的生活肯定会比过去更加充实、更加幸福。现在是我们的一切，将来只有在它来临的那一刻起才能被我们把握。不要再让光阴虚度，把握好现在，你才可以把握住自己的将来。

（4）善于利用"边角时间"。"不积跬步，无以至千里。不积小流，无以成江海。"对时间的利用也是如此。在我们的生活中，往往会有一些零散的时间。如果可以将其充分利用，那么也会大大提高我们做事的效率。

有智人说过："要把每一分钟都当成自己的最后一分钟。"如果我们平时能够按这句话指出的去做，就会珍惜生活里的每一分钟。

一分钟的作用也不小，它可以使我们得到短暂的休息，可以让我们决定其他的事情，也可以用来鼓励我们身边的每一个人。在危急时刻，短短的一分钟甚至可以拯救一条生命。一分钟似乎非常短暂，但可能在我们的生活中留下深深的印痕。

相信自己

> 有方向感的自信心，令我们每一个意念都充满力量。
> 当你有强大的自信心去推动你的致富巨轮时，你就可以平
> 步青云。
>
> ——拿破仑·希尔

只有先相信自己别人才会相信你！多诺阿索说："你需要推销的首先就是你的自信，你越是自信，就越能表现出自信的品质。"自信心有一种力量，它能够把你自己提升到无限的巅峰，你的思想此时也充满了力量。它是人心智的催化剂，给人以心灵的指引。如果把信心与思想结合，你潜意识中的心灵就立刻接收到震波，随之会将震波转化为精神的对等，然后再将这种精神的对等物传送到"无限的智慧。"

《世界上最伟大的推销员》的作者奥格·曼狄诺说："我

是自然界最伟大的奇迹。自从上帝创造了天地万物以来，没有一个人和我一样，我的头脑、心灵、眼睛、耳朵、双手、头发、嘴唇都是与众不同的。言谈举止和我完全一样的以前没有，现在没有，以后也不会有。虽然四海之内皆兄弟，然而人人各异。我是独一无二的造化。"

奥格·曼狄诺的话说得太到位了，只要我们对自己充满信心，一切困难都不是问题。例如，当华盛顿发生暴乱，政府万分恐慌之时，一个人站出来对林肯说："我知道有一位年轻的军官叫格兰特，他可以控制这场暴乱。"

"赶快叫他来控制这场暴乱。"林肯对这个人命令道。

格兰特接到了命令。他来了，他平息了暴动，获得了林肯的信任。随后，他统率了北方军，赢得了内战的胜利。

1862年3月9日，格兰特面对南方军的进攻，在康涅狄格架起桥，格兰特率众在桥头集结。他的后面是6000人的庞大军队；格兰特在桥头集合了4000榴弹兵，前面又布置了300名枪手。战斗刚一打响，最前面的士兵在一片散弹的爆炸声中冲出了街墙的掩护，刚要通过大桥的入口，突然间，冲在最前面的士兵纷纷倒下，如同大海的波浪一般。紧接着，整个北方军停止了前进，有人甚至开始后退，英勇的榴弹兵被眼前的情形吓得不知所措。

格兰特一言不发，他拔出战刀亲自冲到队伍的最前面，他的助手和将军也冲到了他的身旁。在格兰特的带领下，这支队伍跨过前进道路上的士兵尸体快速前进，仅用了几秒钟就逼近了敌人。南方军猛烈的炮火根本不能阻止格兰特快速前进的步伐。在南方军队士兵的眼中，北方军前进的速度实在是太快了。

奇迹发生了，南方军的炮手放弃了抵抗，他们的后备军也没有胆量冲上前与北方士兵交战，他们溃不成军。就这样，格兰特站到了征服南方军的前沿阵地。

事后，有人问格兰特是什么促使他成功，他回答道："我相信我自己一定会成功，所以我冲到了队伍的前面。"

美国发明家爱迪生在介绍他的成功经验时说："什么是成功的秘诀，很简单，无论何时，不管怎样，我也决不允许自己有一点点灰心丧气。"格兰特的身上也正是具备了这个特质，他相信自己一定能够战胜一切困难，他不害怕挫败，他不放弃一切，所以创造了自己的奇迹。

显然，自信是所有成功人士必备的素质之一。要想成功，必须建立起自信心。而你若想在自己内心建立信心，就像洒扫街道一般，首先将相当于街道上最阴湿黑暗之角落的自卑感清除干净，然后再种植信心，并加以巩固。信心建立之后，新的机会才会随之而来。

在现实生活中，或许我们会因为某一件极其微小的事情而情绪低落，对自己失去原有的自信，对生活充满自卑。自卑主要表现为对自己的能力、品质等自身素质评价过低，心理承受力脆弱，经不起较强的刺激，谨小慎微、多愁善感，常常产生疑忌心理上的自我消极暗示，它的形成可以是偶然存在，也可以是一段时间存在。如果因为自卑而给自己以至社会带来负面的影响，则应该自我反省，有意识地通过锻炼来增强自信心。

那么，我们怎样才能使自己最优秀呢？能移走一座山的是信心。信心不是希望，信心比希望要重要，希望强调的是未来，信心强调的是当下。信心不是乐观，乐观源于信心。信心不是热情，但信心产生热情。按照成功心理学因素分析，信心在各项成功因素中的重要性仅居思考、智慧、毅力、勇气之后。自信人生三百年，唯有自信的人才会有所成就。

那么，我们如何才能使自己变得自信呢？

首先，相信自己是重要的。如果你认为这句话有问题，我们不妨来看一看下面这个故事就明白了。

美国NBA的夏洛特黄蜂队有一位非常特别的球员——博格斯。他的身高只有160厘米，即使在普通人的眼里，也是个矮子，更不用说在两米身高还嫌低的NBA了。据说，博格斯不仅是当时NBA中最矮的球员，而且也是NBA有史以来创纪录的矮子。但这个矮子可不简单，他曾是NBA表现最杰出、失误最少的后卫之一，不仅控球一流，远投精准，甚至在长人阵中带球上篮也毫无畏惧。

博格斯是不是天生的灌篮高手呢？当然不是，而是在他坚定信念的指导下，刻苦训练的结果。博格斯从小就长得特别矮小，但他却非常热爱篮球运动，几乎天天和同伴在场上拼斗。当时他就梦想着有一天可以去打NBA。每当博格斯告诉他的同伴"我长大后要打NBA"时，所有听到的人都会忍不住哈哈大笑，甚至有人笑倒在地上，因为他们"认定"一个身高只有一米六的矮子是决无可能打NBA的。

但同伴的嘲笑并没有阻断博格斯的奋斗，而是更加激发了他的斗志。每天训练之前，他都十分坚定地对自己说："博格斯，你是最棒的，你一定能打NBA！"他用比一般人多几倍的时间练球，用比别人强几倍的毅力坚持。终于，他成为全能的篮球运动员，也成为最佳的控球后卫。他充分利用自己矮小的优势，行动灵活迅速，像一颗子弹一样，他个子小，重心低，很少失误，抄球常常得手。

博格斯成为有名的球星后，从前听说他要打NBA而笑倒在地上的同伴，反而经常炫耀地对别人说："我小时候是和黄蜂队的博格斯一起打球的。"

160厘米的身高，即使在生活中也被判为"N等残废"，更不用说从事篮球这项巨人运动。而博格斯居然还打进了NBA，居然还打得有板有眼，出神入化，成为最优秀的球员之一。博格斯凭的是什么？凭的就是他那份执着，那份自信，以及由此而激发出来的顽强毅力。正是源于这份自信，博格斯才能战胜种种难以想象的困难，跨越各种常人看来不可逾越的障碍，一步一步走向事业的顶峰。

由此可以看出，许多人的成功源于一个梦想，但并非所有的梦想都能变为现实。我们每个人都有许多绮丽美好的梦想，但只有那些百分之百相信自己的人，只有那些愿为梦想付出不懈努力的人，才能享受到成功美酒的甘甜。

其次，相信别人是重要的。这是人生处世的黄金法则。相信别人是重要的，就是相信自己是重要的。尊重来源于尊重别人，毕竟尊重别人就是尊重自己。物理学上作用力与反作用力原理在人的交往中得到最深刻的体现。如果说信心是一块两面的板，一面就是相信自己重要，另一面就是写着相信别人重要。少哪一面，信心都是不完整的。因此，在工作中，我们必须尊重上司，尊重同事，尊重下属，这里没有太多的学问，尊重他们，就是尊重自己，就是自信的表现。

最后，树立信念，相信自己的潜能。人的潜能是十分巨大的，在危难之际或者紧迫之时，人的潜能就可以爆发出来。曾有位诗人这样说："人类体内蕴藏着无穷能量，当人类全部使用这些能量的时候，将无所不能。"尽管诗歌往往源于一些超现实主义的，并有明显夸大之嫌，而这一句话的真实性却远远超过我们最初对其所确认的真实程度。世间无人知晓人体内到底蕴藏着多少能量，但是即使所知的那些，对于最专注的人类行为观察家们来说也是不可胜数。这些能量的相当一大部分都是超乎寻常的，退一步说，起码有一部分不同凡响，就使人们具有无止境的力量和潜能。那么，试想一下，当人能够发挥全部能量的时候，一切会是怎样？

2001年5月20日，美国一位名叫乔治·赫伯特的推销员，成功地把一把斧子推销给了小布什总统。布鲁金斯学会得知这一消息，把刻有"最伟大的推销员"的一只金靴子赠予了他。这是自1975年以来，该学会的一名学员成功地把一台微型录音机卖给尼克松后，又一学员登上如此高的门槛。

布鲁金斯学会创建于1927年，以培养世界上最杰出的推销员著称于世。它有一个传统，在每期学员毕业时，设计一道最能体现推销员能力的实习题，让学生去完成。克林顿当政期间，他们出了这么一个题目：请把一条三角裤推销给现任总统。8年间，有无数个学员为此绞尽脑汁，可是最后都无功而返。克林顿谢任后，布鲁金斯学会把题目换成：请把一把斧子推销给小布什总统。

鉴于前8年的教训，许多学员知难而退，个别学员甚至认为，这道毕业实习题会和克林顿当政期间一样毫无结果，因为现在的总统什么都不缺少，再说即使缺少，也用不着亲自购买；退一步说，即使他们亲自购买，也不一定正赶上你去推销的时候。

然而，乔治·赫伯特却做到了，并且没有花费多少工夫。

一位记者在采访他的时候，他是这样说的：我认为，把一把斧子推销给小布什总统是完全可能的，因为布什总统在得克萨斯州有一片农场，里面长着许多树。于是，我给他写了一封信说：有一次，我有幸参观您的农场，发现里面长着许多矢菊树，有些已经死掉，木质变得松软。我想，您一定需要一把小斧头，但是从您现在的体质来看，这种小斧头显然太轻，因此您需要一把不甚锋利的老斧头。现在我这儿正好有一把这样的斧头，它是我祖父留给我的，很适合砍伐枯树。假若您有兴趣的话，请按这封信所留的信箱，给予回复……最后，他给我汇来了15美元。

乔治·赫伯特成功后，布鲁金斯学会在表彰他的大会上说，金靴子奖已空置了26年，26年间，布鲁金斯学会培养了数以万计的百万富翁，这只金靴子之所以没有授予他们，是因为我们一直想寻找这么一个人，这个人不因有人说某一事不能实现而放弃，不因某件事情难以办到而失去自信。

乔治·赫伯特的故事在世界各大网站公布之后，一些读者纷纷搜索布鲁金斯学会，他们发现在该学会的网页上贴着这么一句格言：不是因为有些事情难以做到，我们才失去自信；而是因为我们失去了自信，有些事情才显得难以做到。

居里夫人说："我们的生活都不容易，但是，那有什么关系？我们必须有恒心，尤其要有自信心，我们的天赋是用来做某件事情的，无论代价有多么大，这种事情必须做到。"

所以，每个人都应该树立自信心，要确信自己是有能力的，相信自己能干好事情，对生活、工作、学习中遇到的困难和挫折，有坚定的信心，相信自己能够战胜困难和挫折而获得成功。

注重细节

细节的准确、生动可以成就一件伟大的作品，细节的
疏忽会毁坏一个宏伟的规划。历史上有很多伟人，就是因
为抓住了细节，才成就了辉煌的事业。

老子曾说："天下难事，必做于易，必做于细。"这句话
精辟地指出了想成就一番事业，必须从简单的事情做起，从细
微之处入手。相类似的，20世纪世界最伟大的建筑师之一的密
斯·凡·德罗，在被要求用一句话来描述他成功的原因时，他
只说了一句话："魔鬼在细节。"他反复强调，如果对细节的
把握不到位，无论你的建筑设计方案如何的恢宏大气，都不能
称之为成功的作品。可见对细节的作用和重要性的认识，古已
有之，中外共识。

美国著名管理学家吉姆·柯林斯曾经说过："不愿做平凡的小事，就做不出大事，大事往往是从一点一滴的小事做起来的。所以，在细节处多下功夫吧！"

成功是一个日积月累、持续不断的过程，任何企图侥幸、急于求成的想法都注定要失败。谈到日积月累，就不能不涉及习惯，因为人的行为的95%都是受习惯影响的，在习惯中积累功夫，培养素质。只有在实践中认真对待遇到的每一件事情，才能逐渐养成重视细节的习惯。

海尔总裁张瑞敏曾经说，什么是不简单？把每一件简单的事做好就是不简单；什么是不平凡？能把每一件平凡的事做好就是不平凡。

细节总是容易被人所忽视，所以往往最能反映一个人的真实状态，因而，也最能表现一个人的修养。正因为如此，透过小事看人，日渐成为衡量、评价一个人的最重要的方式之一。现在，有些用人单位在招聘时，还专门针对细节下功夫，设计些细节方面的问题，通过细节来观察应聘者。有的用人单位甚至通过"吃相""笔迹"等细微小事来决定用人与否。

对于求职者来说，展现完美的自我，是需要细节来体现的，所以时时处处勿忘细节是渴望成功的人必须要注意的。这显然是专门用来考察求职者细节的试金石，使得一些志在必得的应聘者纷纷铩羽而归。在这里，一个不引起注意的细节就决定了面试的成败。

要把重视细节、将小事做好培养成一种习惯。通过长期积累，自然会提高你的工作质量。

我们一定要把细节重视起来，因为往往会由于一个很小的错误而导致全局的失败。在工作中，注重细节，常会带给你一些意外的发现和收获。它可以使你更进一步地认识事物，明晰事物的原理，会更加有效提高工作绩效，从而赢得上司的好感，以获得升职加薪的机会。

张志丽在一家业绩卓著的金融机构担任经理助理。她对自己的工作认真负责，兢兢业业。有一天，她的上司在无意中发现了一件事，也正因为那件事，张志丽得到了很好的发展。

那一天，张志丽告诉部门里其他员工，所有的纸都要两面用完才能扔掉。这时有的员工就认为张志丽很吝啬，并且嘲笑她连一张纸都要做文章，而张志丽的解释是："让所有的员工知道这样做可以使公司减少支出，相对地增加利润，这是极其重要的。"

　　这件事情被经理知道了，很快张志丽便被公司重用，升为了部门经理。其实这样的事在现在的公司来说常常会发生，节省一张纸是很小的事，但日积月累就是一个庞大的数字。所以这样的细节是不容忽视的。

　　犹太人认为，应该重视细节同整体、同大事、同战略决策的关系。不要只是一味地认为其细小、微不足道，我们要看到种种大事都是由细节的存在而存在的。因为任何整体都是由具体的小事构成的，它们无一不是建立在细节之上的。

　　我的好朋友张霞是一名速记员。她的经理和同事都有偷懒的恶习，但张霞依然坚持着认真做事的良好习惯，她重视每一项工作，哪怕是些最微不足道的事，她都像对待大事一样认真负责。

　　一天，经理让张霞替自己写一份规章制度。张霞不像同事那样随意地写几句或写几页就完事了，张霞仔细地把这份报告写好，并且将它们编成一本小巧的书，用打字机很清楚地打出来，然后又仔细装订好。做好之后，交给了这个经理，经理又把这本书交给了管理者。

　　"这大概不是你做的吧？"管理者问经理。

"呃——不……是……"这位经理很紧张地回答，管理者沉默了许久。

几天后，张霞接到了一份升职书，她代替了以前经理的职位。

这是我好朋友的一个小故事，或许大家都有过类似的经历，只是觉得很正常而忽略过去了。殊不知，看起来微不足道的一件小事，却体现着深刻的道理。试想，如果张霞没有将细节做到完美的习惯，她能表现得如此尽职尽责吗？

为什么会有一些老企业历经百年仍常葆辉煌，而有的企业有如昙花一现，三五年就终结了，最根本的原因是他们对待产品和服务的细节不同。有经验有能力的管理者都认为，细节往往决定着管理是否真正到位。在微观运营方面有缺陷的企业往往会漏洞百出，会人为地造成产品质量下降，甚至还会出现其他弊端。只有注意细节了，才能获得持续发展的动力，使企业不断壮大。

对企业而言，细节如此重要。同样，对于一个员工来讲也是至关重要的。

许多企业管理者都认为，有很多的员工与其说他们是怀才不遇，不如说他们做工作拈轻怕重，对企业毫无责任感，工作中好高骛远、粗枝大叶，而不屑从小事做起。结果忽视了细节，铸成了工作中的大事故。那些真正有所成就的员工经常会对工作中的细枝末节认真参悟，绝不可以想当然。他们往往会牢牢抓住这稍纵即逝的机会。因此，谁在生活中抓住了细节，谁就有可能拥有成功的人生。

关注和把握细节是人的一种素质，更是人的一种必备的能力。我们如果能在细节中发现新的思路，新的解决问题的办法，开拓出一条别人没有走过的路，则更能体现一个人的创新意识和创造性思维能力。所以我们要从以下方面养成注重细节的好习惯。

（1）上班时间不要做私活和闲聊。不论是什么私人事情，都不要在上班的时间做，绝对不要用公司的设备来干私人的事情。否则，不仅分散自己的注意力，降低工作效率，而且对于别人也会有同样的影响。它的直接后果将会导致工作不能如期完成。

（2）工作期间最好把手机调到静音或振动上。上班期间，不要随便接听私人电话，手机发出的声音会导致同事或上司的不快，而别人的不快又会影响到你的工作情绪，这样也会降低工作效率，工作任务也将不能如期完成。

（3）保持工作场所的整洁和有序。善于保持一个整洁而有序的工作环境，可以给人带来一个好心情，而一个杂乱无章的环境，则会给人混乱毫无头绪的感觉，工作容易感到疲劳，无形中加重工作负担，降低工作热情。

（4）别随意请假。有的人认为请假是小事，反正和上司打过招呼了，把请假视作理所当然的事情。于是常会找一些借口请假。比如，感冒、家中有事、孩子生病……虽然上司表面上不会说什么，但从内心里面会感到反感，还会影响工作节奏和进度。

（5）下班后不要急着回家。有的人在下班的时间还没有到，就提前把包收拾好了，只等时间一到，立即走人。其实，这样做工作挺被动，不利于自己的进步和提高。当到了下班时，应当静下心来，适当地回顾一下一天的工作，对一天的工作成果作一个小结，并适当准备第二天的工作计划，使工作有序或提前完成。

第二章

习惯养成

什么是习惯

> 人是习惯性动物。习惯很容易养成，不论是好的或是坏的习惯，都将对生活、学习、事业，乃至各个方面形成很大的影响。坏习惯会使你不求进取、堕落，最终走向失败，而好习惯则会促使你奋发向上，走向成功。

什么是习惯？习惯是一种下意识的动作，它是一个人在生活中形成的做事规律。其实，在人的一生中总在下意识地去做一些动作，而且这些动作一直都在不断地重复着，从而导致了人们在不知不觉中形成了某种习惯。正如这样一句话：习惯成自然，自然成人生。

习惯涉及一个人的修养，可以体现出一个人的文明程度，因此我们可以透过习惯看见一个人的内心世界。习惯除了影响本人的生活和事业之外，还对他人、对集体、对社会、对自然界起作用。

　　生活中，坏习惯让我们的生活变得不那么尽如人意。比如，有的人把衣服晾在人家窗前，把脏水泼到人家门前，住在楼上的人往底下乱扔脏东西。这些不好的习惯，很可能让人与人之间发生不愉快的摩擦。我们在生活中遇到的诸多不便，往往也与人的习惯有关系。虽然只是小事，却让生活多了很多不和谐的声音。

　　更让人担忧的是，有些不良习惯还会酿成大祸。大兴安岭的火灾就是因为工作人员工作的时候把烟蒂随手一扔而引起的。赌博、酗酒、迷信等不良习惯，不知造成了多少人间惨剧。

　　在国内，大家对一些坏习惯习以为常，可是在有的国家，一个随地吐痰的人会立刻成为众矢之的。据说，在公共汽车上有几个外国人，边聊天边剥糖纸，几个人的动作好像是受过训练一样：他们拉开自己包的拉锁，把糖纸卷成一点儿扔进包里。从动作和表情来看是那么自然，不用任何思考的自然行为，这说明他们已经养成了习惯。

　　我们周围有不少的人在火车上嗑瓜子、吃香蕉，随手乱扔果皮。这种不良习惯并不会造成太大的问题，但是，却在那个时候破坏了个人的形象。

我们再看一件发生在一位留学生身上的事。一天，他去一家公司面试，因为是上班高峰期，在电梯门口排着长长的队伍。电梯到了，其他排队的人一个一个慢慢地进入电梯，没有拥挤。留学生想轮到自己的话可能还得等上好几趟电梯，所以他一个健步就冲进了电梯。大家诧异地看着他，他装作没有在意，抬头看着天花板。可是电梯迟迟没有动，一直停在原地。开电梯的保安严肃地看着留学生，说道："先生，请你到后面！"留学生还是装作没有听见，他以为只要自己再坚持一会儿就没事了。

可是10分钟过去了，电梯就是没有开动。其他人都开始指责留学生，保安重复了一遍，说："先生，请你到后面排队。"这时候，他再也没有办法坚持，只能灰溜溜地走开了。大家鼓掌向保安表示敬意。那个留学生也知道自己在人面前丢尽了脸。

具有良好的生活习惯的人会受到人们的欢迎，而这就需要我们在平时注意培养良好的习惯，随时改正影响了我们工作和生活的坏习惯。

习惯的力量

> 成功的人通常都保有失败者不喜欢的习惯。因为他们
> 乐意做自己并不十分乐意做的事情，以获得成功的果实。
> 然而失败者却只是乐意做自己喜欢的事情，最后只能接受
> 令人不甚满意的结果。
>
> ——南丁格尔

莎士比亚说："习惯虽然是使一个人失去羞辱的魔鬼，但它也可以做一个天使。"习惯的力量是巨大的，它可以把你推向成功的顶峰，也可以把你推向失败的深渊。

物理学上说任何物体都有惯性，我想很多事情也都是一样的。先讲一个笑话：有个小伙子学习理发。为了练习好剃刀的基本功，在不能直接在客人头上练的情况下，他想出了一个

办法——在冬瓜上练习刀功。虽然进步很快，但是却留下了一个毛病，每次"剃"完后他习惯性地将剃刀插在冬瓜上。练好刀功后他开始上岗了，一次，正在为一个客人剃头，忽然师傅在外面叫他过去帮忙。小伙子一着急，把客人的脑袋当成了冬瓜，手起刀落，只听"哇"的一声惨叫，他竟然把剃刀插在了客人的光头上，还好脑袋比冬瓜硬多了。一个小小的习惯或者习惯性的动作差点闹出了人命。

有一天，村子里来了一个马戏团，马戏团里有几头大象。我们知道大象的力气非常大，可我却奇怪地发现拴住大象的只是一节细细的链子，而另一头连着一根小小的柱子。对于一头千斤重的大象来说，要挣脱它应该是易如反掌。

刚开始我想是因为大象脾气好，而这小小的柱子和链子实际上并没有什么用处，只是摆设而已。可是后来发现这个想法并不对。去过国外的朋友告诉我：在泰国有很多的大象，这样的景象随处可见：大象从来不会挣脱细小的绳锁，这不是因为大象脾气温和，而是另有原因。大象从小就被驯养，在还是小象的时候，就用一条铁链将它绑在水泥柱子或者钢柱上，无论小象怎么挣扎都无法挣脱。小象渐渐地习惯了不挣扎，直到长成了大象，这时尽管可以轻而易举地挣脱链子，可它们也不会再挣扎了。

习惯有着不可忽视的力量。在一段时间内形成的独特习惯，会在关键时刻影响着整个事态的发展。好的习惯可以帮助我们实现自己的梦想，而坏的习惯却成为成功路上的绊脚石。

这让我想起了另外一个关于驯兽的故事。

一个有着多年驯虎经验的人突发奇想：要训练出一只吃素的老虎。他训练过能跳舞的狮子，会走钢丝的大象。他觉得这回一样能成功。于是，训练的计划开始了，他让老虎从小就吃素，直到小虎长大。老虎不知道肉味，自然不会伤人。他以为自己成功了，报纸也跟着报道伟大的驯兽员改变了动物的天性，大家都对驯兽员赞赏有加。

在一次表演之中，驯兽员不小心摔了一跤，他让老虎舔掉流在地上的血。老虎自从沾了血之后，就一发不可收拾，当驯兽员像以前一样把蔬菜给老虎的时候，老虎愤怒地咆哮着，打翻了食物。当驯兽员打开笼子准备教训它一番的时候，老虎扑向了他，老虎竟然把驯兽员给吃了。

小象被链子绑住，而大象则是被习惯绑住。老虎曾经被习惯绑住，而驯兽员则死于习惯，他已经习惯于他的老虎不吃人，忘记了老虎的本性并不是那么容易改变的，而有的习惯却是很容易就改变的。

习惯的力量可以改变一个人的一生。习惯几乎可以绑住一切，只是不能绑住偶然。比如，那只偶然尝了鲜血的老虎。

习惯左右结果

> 习惯创造的奇迹多么惊人呀！习惯的养成又是多么快和多么容易呀——无论是那些无关紧要的习惯，还是使我们发生根本变化的习惯，都是一样。
>
> ——马克·吐温

培根说过："习惯是人生的主宰。"的确，良好的个人习惯对一个人的成长和发展是极为重要的。不良的习惯会让你终生受其害，而好的习惯，会帮助你一步步走向成功。古今中外，许多成功的人士之所以能够成功，并不是因为他有多么高的智商，而是良好的个人习惯成了他们的助推器。

罗斯福是美国历史上最有影响力的总统之一。人们在分析他成功经历时发现，他的成功得益于他本身养成了许多好的习惯，而这使得他克服了很多的困难，最终成就了伟大的业绩。

关于自己的习惯，罗斯福总统是这样描述的："只有通过实践锻炼，人们才能够真正获得自制力。也只有依靠惯性和反复的自我训练，我们的神经才有可能得到完全控制。从反复努力和反复训练的角度而言，自制力的培养在很大程度上就是一种习惯的形成。"

罗斯福总统很注意自身的修养，他曾罗列出自己13个最坏的习惯，然后坚持每段时间改掉一个，最后终于把这些坏习惯统统改掉。他还注意体育锻炼，使得自己养成了果断坚毅的性格。也正因为如此，他才取得了一系列伟大的成就，他是美国历史上最年轻的总统，曾获得诺贝尔和平奖。

一个人的习惯，通常能体现一个人的品格。一个好的习惯，有时也会成就一个人的事业。

美国福特公司名扬天下，不仅使美国汽车产业在世界独占鳌头，而且改变了整个美国的国民经济状况。谁又能想到该奇迹的创造者福特是因为一个小小的纸屑而进入公司的呢？那时，福特刚从大学毕业，他到一家公司应聘，一同应聘的几个人学历都比他高，在其他人面试时，福特感到没有希望了。当他敲门走进董事长办公室时，发现门口的地上有一张纸，他很自然地弯腰把它捡了起来，看了看，原来是一张废纸，就顺手把它扔进了垃圾篓里。董事长把这一切都看在了眼里。福特刚说了一句话："我是来应聘的福特。"董事长就发出了邀请："很好，福特先生，你已经被我们录用了。"这个让福特感到惊异的决定，实际上源于那个不经意的动作。从此以后，福特开始了他的辉煌之路，直到把公司改名，让福特汽车闻名于全世界。

另一个例子是关于苏联宇航员加加林的。40年前，加加林乘坐"东方"号宇宙飞船进入太空遨游了108分钟，成为世界上第一个进入太空的宇航员。这个荣誉不是每个人都能得到的，他能在20多名宇航员中脱颖而出，是一个良好的习惯成就了他。在确定人选时，20个候选人实力相当。在学习之前，主设计师发现，在他们之中，只有加加林一个人是脱了鞋进入机舱的，其实脱鞋进入机舱只是他的习惯，他怕弄脏机舱。主设计师看到有人对他付出心血和汗水的飞船这么爱护，当时是多么感动啊，当即就决定让加加林执行试飞任务。

不要小看这么一个小小的细节，一个下意识的动作往往是出自一种习惯。一个好的习惯，有时真的可以改变你一生的命运！

还有一个故事是这样讲的：一个人，家境贫寒，但他一直都梦想着有一天能过上很好的生活。有一天，他梦到自己见到了上帝，便对上帝说："我一直都对您很虔诚，请您保佑我过上好的生活吧！"上帝想了想说："好吧，那我就告诉你一个秘密：在世间有一块小小的石子，叫点金石，它能将任何一种普通金属变成金子。点金石现在就在黑海的海滩上，和成千上万的与它看起来一模一样的小石子混在一起，但秘密就在这儿。真正的点金石摸上去很温暖，而普通的石子摸上去则是冰冷的。只要你能找到它，那你就会过上幸福的生活了！"

这个人对上帝千恩万谢，第二天一早醒来，便迫不及待地变卖了家中所有可以卖的东西，然后买了一些简单的装备，收拾收拾上路了。他来到了黑海海边，在海边扎起了帐篷，便开始捡那些石子。

他知道，如果他捡起一块普通的石子并且因为它摸上去很凉就将其扔在地上，他有可能几百次都捡起同一块石子。所以当他摸到冰凉的石子的时候，就将它们扔进大海。他这样干了一整天，结果却一无所获。第二天，他又开始工作，捡起一颗，凉的，然后扔进海里。一天，一月，一年……他还是没有找到那块点金石，他每天就这样捡着，摸着，扔着……

　　但是有一天，他捡到了一块石子，而且这块石子是温暖的……但他随手习惯地把它扔进了海里。他已经形成了一种习惯，那就是把他所捡到的石子通通扔进海里，哪怕是那个已经来临并且是他真正想要的。

　　他还是那样捡着、扔着，直到有一天，有人在帐篷里发现了他的尸体。他这一生，从没有过上他梦寐以求的那种生活，他只是在不停地捡着石子。

　　你有什么样的习惯，就会导致什么样的人生。让我们记住下面这句话：播下一个行动，你将收获一种习惯；播下一种习惯，你将收获一种性格；播下一种性格，你将收获一种命运。

好习惯助你成功

　　播种一种行为，收获一种习惯；播种一种习惯，收获一种性格；播种一种性格，收获一种命运。起初是我们造就习惯，后来便是习惯造就我们。

　　习惯就像是一位陌生的敲门人。刚开始，你开门请他进来，他只是在客厅坐着，和你保持着一定的距离，然后进入起居室，慢慢和你混得很熟，最后，进入卧室，主客易位，成为你家的新主人。你开始凡事听他使唤，心不甘情不愿，却也无可奈何！如果你请进门的是坏习惯，其悲惨的后果可想而知。但如果你能与好习惯朝夕相处，那么随着它的塑造，迈向成功已是指日可待。只是，养成坏习惯容易，养成好习惯却很难。任何人都有习惯，我们要做的是，防止那些坏习惯的发生，同时努力培养好习惯。

有这么一个故事：有一条狗要完成一项使命——经过千里沙漠送一封信到边关。带着足够的粮食和水的狗上路了，可是最终杳无音信。于是，人们又派出几条狗也带着粮食和水上路了，同样也是一去不复返。后来人们发现这些狗全部死在沙漠里，没有任何的皮肉伤害，也没有中毒。是什么原因呢？

调查结果显示：这些狗都死于一个可笑而又可悲的坏习惯，那就是被尿憋死了。原来狗撒尿的时候，总要找一个靠腿的地方，而使另外的一条腿抬起来，可是茫茫的沙漠哪里有树、沟、桩或者石头？

这些可怜的狗，它们是困在习惯里面了。

正所谓"天是习惯盖，地是习惯底，不把心突破，困在习惯里"。这些狗竟然因为改变不了自己的习惯而葬送了生命。

一个又一个习惯的积累，构成了我们的日常生活，包括起床、洗澡、刷牙、穿衣、吃饭、上班等。据心理咨询专家发现，一个人工作、学习的好坏，20%与智力的因素有关，而另外80%则与非智力因素有关，在非智力因素中（信心、意志、习惯、兴趣、性格等），占有重要位置的仍然是习惯。所以，关注检查自己的日常行为习惯是非常必要的。这有助于我们将那些有害的习惯改为好的习惯，仅仅是一点儿小小的改变，也将会受益无穷。

不难发现，无论在生活中或是工作上那些成功者都能将好习惯贯彻在自己的行为中。这使得他们在激烈的竞争中脱颖而出，从而建立声誉卓著的事业。

我们所熟悉的推销大师原一平，就是这样的一个人。原一平每天清晨5点钟起床，接着徒步走一万步，然后拜佛、用餐、看报、访问客户。每天，他生活和工作都按照规定的时间表进行，分秒不差。他的妻子久惠说："他之所以有优异的成绩，主要是他本人尽了最大的努力。譬如，半夜三更他还在镜子前照着他的脸，研究自己的笑容，以及钻研相面学。在他的车里一定备放三套衬衫和长裤，然后规定自己在上班时拜访15位客户，不管到晚上几点都要完成任务。内心里燃烧的那团火，便成了严格的工作习惯，便把他推向了成功的顶端……"

习惯的好坏，决定着人的成功与失败，成功人士靠的是他们的好习惯，而失败的人往往是因为他们的坏习惯。

经常审视、解剖自我，是一件痛苦的事情，但却是一项最好的成功习惯。

在以下"限制人成功的不良习惯"中，如果你有任何一种或者几种，请务必马上着手予以改变：

（1）习惯于迟到。

（2）没有时间概念。

（3）注意力分散。

（4）抵触情绪。

（5）说话、做事情比较紧张、健忘。

（6）做事情毛手毛脚。

（7）打电话吃东西、大嗓门。

（8）不恰当的肢体语言。

（9）字迹潦草、语法错误。

（10）违反职业道德习惯。

改变旧的习惯，不是一件容易的事情，旧的习惯总是有着极大的吸引力。不少人往往是一方面想逃脱；另一方面又害怕承受痛苦，结果把自己弄得既矛盾又挣扎，折腾了一大圈，又回到了起点。改变是痛苦的，但是不改变却会葬送自己的一生。所以，痛苦一时，但会安享一世，我们必须改变。像戒烟、早起、运动、不偏食、不发脾气等的养成，一次、两次、三次或者三十次，从陌生到熟悉，从改变到适应，一次一次地调适自己，养成了新的习惯之后，我们就可以享有崭新的自己了。

为了再现一个崭新的自己，下面介绍一些成功人士的习惯。

1.热诚的态度

成功人士始终有最热诚的态度、最积极的思考、最乐观的精神和最辉煌的人生。用经验支配和控制自己的人生；失败者则相反，他们的人生是受人生的种种失败、怀疑所引导和支配。我们的态度决定了人生的成功。

2.有明确的生活目标，并管理这个目标

如果你给自己制订了目标，那么你的生活就有了前进的动力。它不仅让你有了努力的依据，而且还对你的努力进行鞭策。它给了你一个看得着的射击靶，当你努力去实现这些目标时，你就会有成就感。有太多的人对心目中的世界没有一幅清晰的蓝图。计划不具体，都无法衡量是否实现了目标，会大大降低你努力的积极性。

用一个个小小的目标，来构成一个整体的目标，把你的目标看成是盖楼的话，最高层就是你的人生目标，你定的目标和为达目标而做的每一件事，都必须指向你的人生目标。高楼由几层组成，最上的一层为主要目标，最核心的这一层包含着你

的人生总目标。下面每层是为实现上一层较大目标而要达到的
较小目标。

3.勤奋永不过时

世上无难事，只怕有心人。一个勤奋并不断向着自己目标
前进的人，整个世界都会给他让路。

4.善于理财、预算时间和金钱

时间会消逝，金钱会减少，而学会控制时间与金钱的流动
与走向才是一个成功人士的重要特质！

5.经常运动

拥有健康的体魄是成就事业的资本。成功人士，几乎都有
自己喜欢的体育运动项目。

6.严于律己

一个人律己能力的强弱，对他人生的成功有很大的影响。

（1）遇到令你生气的事情时，你能沉默不语吗？

（2）做事三思而后行的人是你吗？

（3）平和的性情你常有吗？

（4）让情绪控制的理智是你所喜欢的习惯吗？

7.好学谦逊

（1）把不断学习更多的知识作为你的职责吗？

（2）对你所不熟悉的问题发表"意见"是你所习惯的吗？

（3）自主地学习你会吗？

成功的人，利用一切可以学习的机会。

8.人际交往

你有良好的人际关系吗？

9.信念

信念让能者无疆，决定人生的高度！

10.立即行动

行动计划你已设定，你的成功已展示于面前。别再犹豫，请立即行动吧！

好习惯是培养出来的

播种思想，收获行动；播种行动，收获习惯；播种习
惯，收获成功。养成良好的习惯，将会让你一生受益。

"铁娘子"英国首相玛格丽特·撒切尔是一个很有影响力的人物。她曾经在接受记者采访时说：有时事务太忙，我也可能感到吃不消，但是生活的秘诀实际上在于把90%的生活变成习惯，这样你就可以习惯成自然，就像早晨起床后你想都不用想就去刷牙，这是习惯。

我们在日常生活中的表现，95%是习惯性的。钢琴家用不着决定该弹哪一个琴键，舞蹈家用不着"决定"脚往什么地方移动。他们的反应是自然而不需要思考的。同样，我们的态度、情感和信念也是容易变成习惯的。过去我们学到：特定的态度、感觉和思维方式是与特定的环境相适应的。现在，只要面临我们认为是同样的环境，往往按照同样的方式去思考、感觉和行动，这就是习惯的力量。

要想改变自己的命运，首先要改变自己的坏习惯，培养好习惯。一个坏习惯多于好习惯的人，他的人生是向下沉沦的；而一个好习惯多于坏习惯的人，他的每一天都是积极的、充满活力的。

"早睡早起好习惯"这是一个类似童谣一般的每个人都习以为常的一句话，这却是一句很有道理的话。

经过一夜的休整，人们的身体得到全面的放松，精力充沛，头脑清醒，记忆力也进入最佳状态，而且早上空气清新，比较适合人们进行锻炼，有利于身体健康。不过，也有人认为进行充分的休息才是保持健康的关键，无论哪种观点正确，至少有一点可以肯定，那就是人们的精神状态在早上起床后是最好的。

谁能够起得早并做好一天的工作计划，而且及早按计划行事，那么他一整天的工作就会很顺利。因为他抓住了时间的缰绳，也一定会走在时间的前面，驾驭好自己的工作。而那些行事拖拖拉拉的人做事总是慢一拍，深受拖拉之苦。早早地做好准备投入到一天的工作中，饱满和兴奋的情绪会给人的思想和言行注入令人振奋的力量，使人一整天都干劲十足。那些起得晚的人总是为自己开脱，说他们和那些起得早的人干的活儿一样多。这样说可能有一定道理，但是总的来说，早起的人一整天都会生气勃勃，干劲十足，工作效率也就更高。

培养一种勤奋的习惯也是成功的一种基础。唯有勤奋才能使一个人充分发挥自己的才能，享受到人生的欢愉。圣保罗告诉我们："这是对你们的要求，谁要是不工作的话，他也不应该吃饭。"看起来这是至理名言。就像2000年前一样，任何一个身心健康的人，只有劳动才有资格活在这个世界上。

勤，总是同"苦"字联系在一起的。而甘于吃苦，一辈子勤奋努力，如果没有一点儿韧性，是很难做到的。在我们勤奋工作时，尽管还没得到成功的报答，却已先磨炼了自己的意志，培养了自己的坚韧，这难道不是一种收获吗？

北宋史学家司马光每天都早起，怕睡过头，他给自己做了一个圆木的枕头，枕这种枕头，只要稍微动一下，枕头就滚开，头就落在木床上，人就会惊醒。司马光把这个枕头叫作"警枕"，意在鞭策自己，不可松懈懒惰。

18世纪法国哲学家布丰25岁时定居巴黎。他有晚起的惰性，想克服，终未见效。后来他请了一个彪悍的仆人来监督自己。他和仆人讲明：不管他晚上多迟才睡觉，每天早上5点钟必须把他叫醒，叫不醒他可以拖他起来。他要是发脾气，仆人可以动武。如果仆人没有做到，要受罚。这位仆人忠于职守，终于使布丰每日清晨即起，看书、运动。

业精于勤而止于惰，勤奋从来就是一切成功者共有的品格。天下没有不劳而获的东西，所有的一切，都要靠勤奋努力去获取。

有了勤奋的良好习惯，还应该有良好的时间观念。我们每个人一天都拥有24个小时，但在这同样的时间里，不同的人有不同的收获。"天道酬勤"就是说老天爷会眷顾那些勤劳的人。时间是笔无形的财富，你要学会充分利用它。浪费时间是可耻的，因为时间是世界上最宝贵的东西，它如流水，一去不复返。古语云：一寸光阴一寸金，寸金难买寸光阴。可见我们的祖先早就意识到这个问题了。

朱自清曾在著名的散文《匆匆》里这样写道："洗手的时候，日子从水盆里过去；吃饭的时候，日子从饭碗里过去；默默时，便从凝然的双眼前过去。我觉察他去的匆匆了，伸出手遮挽时，他便从遮挽着的手边过去；天黑时，我躺在床上，他便伶伶俐俐地从我身上跨过，从我的脚边飞过。等我睁开眼和太阳再见时，这又算溜走了一日。我掩着面叹息。但是新来日子的影子，又开始在叹息里闪过了。"

　　时间的流逝就是这样无情、可怕，没有人可以挡住他们的脚步。赫胥黎曾很形象地说过："时间是最不偏私的，给任何人都是24小时；同时时间也是最偏私的，给任何人都不是24小时。"而聪明人总会千方百计地利用时间，好多卓有成就的人都是珍惜时间的典范。曾有人夸赞鲁迅是天才，鲁迅说，哪里来的天才，我只是把别人喝咖啡的时间都用在了写作上。只有懂得珍惜时间的人，才懂得生命的可贵；只有懂得充分利用时间的人，才能取得更加骄人的成绩。

杜绝坏习惯的形成

> 对我们的习惯不加节制，在我们年轻精力旺盛的时候不会立即显示出它的影响。但是它逐渐消耗这种精力，到衰老时期我们不得不结算账目，并且偿还导致我们破产的债务。
>
> ——泰戈尔

你现在为什么没有成功？有哪些阻碍你成功的坏习惯？你是不是喜欢偷懒、拖延，凡事没有计划，随意浪费时间？现在的你就是你的习惯养成的。

习惯对人的命运的影响是巨大而深远的，仔细分析古今中外所有功成名就的人，就会发现这样一个事实：几乎所有的人身上都有乐观、坚韧、百折不挠等优点；相反的，所有失败者身上则都有着这样一些恶习：胸无大志、悲观消极、缺乏毅力等。好习惯使人成功，坏习惯使人失败。正如英国作家王尔德所说："起初我们造成习惯，后来是习惯造就我们。"

我们来看看奥运会金牌获得者，无论是游泳、体操、射击选手，还是职业网球、棒球、篮球选手，都是从很小的时候开始训练，接受严格的指导和监督，甚至大部分获得者都相当年轻。这么年轻的运动员能有杰出的表现，是因为他们一开始就全盘接受了教练的要求，并养成了良好的习惯：练习、饮食、睡眠、再练习，始终让这种习惯伴随自己，成为迈向成功的轨迹，一直奔向取得好成绩的目标。

毋庸置疑，好习惯是获得成功最好的帮手，坏习惯则会成为把人们推向失败的"凶手"。

曾经有一位哲人，希望弟子能改掉一些不良的习惯，于是他带他们来到树林里。他们来到一处，这里长着高矮不同的四株植物，第一株植物是一棵刚冒出土的幼苗；第二株植物已经算得上挺拔的小树苗了，它的根牢牢地扎根于肥沃的土壤中；第三株植物已然枝叶茂盛，差不多与年轻的学生一样高大了；第四株植物是一棵巨大的橡树，树冠如一把巨伞，直插云端。他叫出其中一位弟子，让他把第一棵最矮的植物拔出来，这位弟子用手指轻松地拔出了幼苗。于是，他又让弟子拔出第二株植物，弟子稍加用力，便将树苗连根拔起。于是，他让弟子把第三棵植物也拔出来。弟子看了看，先用一只手进行了尝试，然后改用双手，经过一番努力，终于把它拔了出来。哲人接着说，那么，现在把第四棵植物也拔出来吧，弟子抬起头来看了看眼前巨大的橡树，诚实地告诉师傅，自己无能为力。这时候，哲人转过头来对所有的弟子说：“习惯就和这些植物一样，根基越雄厚，就越难以根除。好习惯如此，坏习惯也是一样。”

　　要想纠正坏的习惯，就要将其与痛苦联系起来。曾经有一位父亲，发现自己10岁的小儿子居然模仿大人在吸烟，于是他把一盒烟递到儿子跟前，让他全部抽完，结果儿子呕吐不止，从那以后儿子再没吸过烟。

　　对于生活中的坏习惯，只要有意识地去改，你就可以去掉它。坏习惯犹如身上的毒瘤，如果你对他们视而不见，总有一天他们会将你毁灭。我们只有及时清理掉这些毒瘤，自身才能健康地发展。

　　习惯是培养出来的，不是天生的。当你改变自己的习惯时，你改变的是你自己；当你没有培养自己一个好习惯时，你

就是在培养一个坏习惯。俗话说，"学坏三天，学好三年"，
如果要养成好习惯，我们首先要约束自己，直到将良好的做事
方法变成一种习惯。

习惯决定命运

> 习惯正一天天地把我们的生活变成某种定型的化石，
> 我们的心灵正在失去自由，成为平静而没有激情的时间之
> 流的奴隶。
>
> ——托尔斯泰

恶习的养成是可怕的，它足以毁掉我们的一切，甚至是夺取我们宝贵的生命。

一个人的行为方式、生活习惯是多年养成的。比如，与人交往的形式、与人沟通的方式、与人相处的模式……都是多年习惯慢慢累积形成的。孔子在《论语》中提道："性相近，习相远也。"俗话说："少小若无性，习惯成自然。"意思是说，人的本性是很接近的，但由于习惯不同便相去甚远；小时候培养的品格就好像是天生就有的，长期养成的习惯就好像完

全出于自然。

　　不由得我回想起小时候曾经读过的一首名为《钉子》的小诗：

　　　丢失一个钉子，坏了一只蹄铁；

　　　坏了一只蹄铁，折了一匹战马；

　　　折了一匹战马，伤了一位骑士；

　　　伤了一位骑士，输了一场战斗；

　　　输了一场战斗，亡了一个国家。

　　在我第一次接触到这首小诗的时候，感觉诗人真的有些滑稽，一个钉子又和一个国家扯得上什么关系呢？可是直到我反复诵读这首小诗，我才逐渐理解了诗句中所蕴含的哲理：成大事必须要从小事做起，唯有从小事做起，才能积累经验，积累能力，在不断的实践中找寻我们理解问题的方式去培养我们处事的良性习惯。

　　俗话说："贫穷是一种习惯，富有也是一种习惯；失败是一种习惯，成功也是一种习惯。"如果你重视观察和思考，那么你对此可能会有一些同感。那些所谓的"习惯"，就是人和动物对于某种刺激的"固定性反应"，这是相同的场合和反应反复出现的结果。所以，如果一个孩子反复练习饭前洗手，那么这个行为就会融合到他更为广泛的行为中去，成为"爱清洁"的习惯。

　　习惯，是受某种刺激反复出现，个体对之作出固定性的反应，久而久之形成的类似于条件反射的某种规律性活动。它包括生理和心理两方面，即能够直接观察及测量的外显活动和间接推知的内在心路历程——意识及潜意识历程。而且，心理上的习惯，即思维定式一旦形成，则更具持久性和稳定性，在更广泛的基础上，就成了性格特征。

　　诸如，"兴趣是最好的老师"，但兴趣把我们领进门后，能够让我们继续前进的就是习惯。中央电视台曾经采访过四位诺贝尔奖获得者：华裔科学家，诺贝尔物理学奖得主朱棣文、美国的诺贝尔物理学奖得主康奈尔、诺贝尔物理学奖获得者荷兰皇家科学院院士霍夫特和美国诺贝尔物理学奖获得者劳夫林。在观众看来，科学家们那极富挑战性的夜以继日的工作是难以忍受的，是要付出巨大代价的。而在这四位科学家们看来，所有这些付出，不过是他们乐在其中的工作常态罢了。

　　试想，一个爱睡懒觉、生活懒散又没有规律的人，他能约束自己勤奋工作吗？一个不爱阅读、不关心身外世界的人，他能有这样的见识吗？一个杂乱无章、思维混乱的人，他如何去和别人合作、沟通呢？一个不爱独立思考、人云亦云的人，他又能有多大的智慧和判断能力呢？可见，良好的行为习惯对成就事业有着极其重要的作用，一个人习惯于勤奋，他就会孜孜以求，克服一切困难，做好每一件事情。

事实上，成功者与失败者之间唯一的差别就在于他们拥有不一样的习惯。就像很多好的观念、原则，我们"知道"是一回事，但知道了是否能"做到"又是另一回事。这中间必须架起一座桥梁，这座桥梁便是"习惯"。就像人类所有优点都要变成习惯才有价值，即使像"爱"这样一个永恒的主题，也必须通过不断的"修炼"，直到变成好的习惯，才能化为真正的行动。

为什么很多成功人士敢扬言，即使他们现在一败涂地，也能很快东山再起呢？也许就是因为习惯的力量：他们所具备的良好习惯锻造了他们的性格，而就是这种性格，铸就他们一定会成功。

并非与生俱来

良好的行为习惯，可以从一个人的一举一动上反映出来。生活中那些看似不起眼儿的小习惯在某些时候却成为决定我们成败的关键。所以，我们必须严格要求自己，努力培养好习惯，杜绝坏习惯。

一个人的成功与习惯是分不开的。

相信很多人都会明白习惯对我们的生活、事业乃至未来命运所具有的影响。既然是这样，就不要再等待，应该积极行动起来。要知道，好习惯并不是与生俱来的，而是通过我们付出努力培养出来的。

小蚂蚁刚刚学会爬上高高的石头，开始慢慢习惯了依靠自己的力量爬行。于是，它就去和别的小虫子炫耀自己的本领。其他小虫子看了以后非常佩服，忽然其中一个小虫子问它："你往高处爬的时候，是先迈左脚，还是先迈右脚？"得意的小蚂蚁一听，回答道："当然是……"它想是右脚，可是当它迈出右脚的时候，又觉得是先迈左脚。它犹豫不决，是左脚还是右脚，想着想着，自己就从石头上掉了下来，大家哈哈大笑。

小蚂蚁委屈地回家问别的蚂蚁，一只老蚂蚁告诉它："我爬了一辈子，也不知道自己是先迈左脚还是先迈右脚，可是，孩子只要你习惯了爬行，左脚和右脚又有什么区别呢？"

所有习惯往往都是在无意间养成的。但如果你总是让自己在无意间养成一些习惯，那么就难免会在不知不觉中形成一些坏习惯。我们要做的是，在努力培养好习惯的同时防止坏习惯的养成。

心理学家称习惯为人们感受刺激与作出反应之间的稳固链接。人们的习惯有好坏之分，它们泾渭分明。我们每个人身上一定有很多好的习惯，也一定有些不好的习惯。坏习惯是一种藏不住的缺点，别人都看得见，他自己却看不见。好习惯是人人称道的优点，是会遭人妒忌或让人羡慕的。事实上，成功与失败的最大区别，就是来自不同的习惯。好的习惯是开启成功之门的钥匙，而坏习惯则是一扇通向失败敞开的门。

那么，我们应该如何养成好的习惯呢？

好习惯往往是从小养成的，就像每天刷牙洗脸、铺床叠被一样，习惯成了自然。诸如，在日常生活中，我们每个人饭前、便后要洗手这样的好习惯也并不是与生俱来的，这种习惯也是经过父母或他人无数次强调和纠正，才得以养成的。"花园城市"新加坡的自律习惯就让人赞叹不已。但是你可曾知道在这些良好习惯培养之初，政府甚至动用了警察、监狱等国家强制措施来执行。所以，"好习惯出自强制"，这是个不折不扣的真理。

当然，好习惯的养成除了靠制度的约束、教育的陶冶外，还要依靠自己的决心和勇气。任何一种习惯的培养，都不是轻而易举的，它一定要依照循序渐进、由浅入深、由近及远、由渐变到突变的过程。

可能有的人会说："我也知道随地乱丢弃废物、吐痰不好，可就是不由自主啊。"这就说明你已经养成了随地吐痰、丢弃废物的坏习惯。坏习惯的纠正尤其不容易，你必须要有坚强的毅力。每当你吃食物的时候，刻意注意你手中的包装袋，强迫你自己一定要把它扔进果皮箱里；随身带上卫生纸，如果想吐痰，就把它吐到纸上或直接吐在痰盂里。这样，坚持一段时间，你就会惊奇地发现，即使手里拿着废弃物也决不会乱扔了。久而久之，就养成了良好的生活习惯。习惯一旦养成了就不容易改变了，改变了这种生活习惯，生活反而会变得不习惯。美国科学家研究发现，一个习惯的养成需要21天的时间，如果真是如此，从效率的角度分析，习惯应该是投入、产出比最高的了，因为一旦你养成某个好习惯，就意味着你将终身享用它带来的好处。

　　1978年，75位诺贝尔奖获得者在巴黎聚会。有记者问其中一位："你在哪所大学、哪所实验室里学到你认为最重要的东西呢？"这位白发苍苍的学者回答说："是在幼儿园！"这样的答案实在是太出人的意料了。记者又好奇地问："那您在幼儿园里学到了什么呢？"学者微笑地说："把自己的东西分一半给小伙伴们；不是自己的东西不要拿；东西要放整齐，饭前要洗手，午饭后要休息；做了错事要表示歉意；学习要多思考，要仔细观察大自然，从根本上说，我学到的全部东西就是这些。"

　　这位学者的回答，代表了与会科学家们的普遍看法——成功源于良好的习惯。

　　古希腊伟大的哲学家柏拉图曾经告诫一个浪荡的青年说："人是习惯的奴隶，一种习惯养成后，就再也无法改变过来。"但是那个青年却不以为然："我所做的，只不过是逢场作戏，那又有什么不好的影响呢？"这位哲学家听了青年的话，正色说道："一件事情如果一经尝试，就会逐渐形成为习惯，那它所带来的影响可就不会小啦！"三国时期的蜀主刘备亦告诫他的儿子刘禅："勿以恶小而为之，勿以善小而不为。"

　　英国诗人德莱敦曾经说过："首先我们养成了习惯，随后习惯养成了我们。"在我们日常生活中：几点起床、就寝，就是一种习惯；穿衣的款式、颜色喜好，也是一种习惯；甚至我们的做事方式等，这些都是习惯在起主导作用。

　　脑生理学专家查尔斯·谢灵顿博士认为，在我们学习的过程中，神经细胞的活动模式与磁带录音相类似。每当我们记忆起以往的经历时，这个模式便重新展示出来。譬如，你对失败习以为常，你将易于接受失败的习惯感情。同样，如果你能建立起一个成功的模式，你便能够激励起胜利的感情色彩。从这个意义上说，改变我们的习惯，也就能改变我们的命运走向。

心理学家甚至还相信，人类大约有95%的行为，是通过习惯养成的。

而那些坏习惯呢，它们就像一条有太多孔洞的破船，任你想尽任何办法，也无法阻止它继续下沉。你何不彻底改正你的坏习惯呢？如果你已经有了这种打算，那么你就立刻用一种好的习惯来代替它吧，只有掌握了好的习惯，你才能掌握迈向成功的方向。

美国总统华盛顿在青年时期，留着一头火红的长发，脾气火爆。试想一下，要是他没有学会靠自我控制改变自己的坏习惯，那他日后还会成为美国的第一任总统么？

坏习惯，大多是由一些偏差行为一再重复，从而形成的较为固定的行为模式。坏习惯，大抵表现为与时间、地点及身份不相符合的行为。要想改掉这些坏习惯，学习则被公认为是一种最为行之有效的方式。由此，我们可以确定通过某些方式的"学习"，校正我们的某些偏差行为，消除坏习惯。

第三章

克服坏习惯

不要依赖别人

失败的习惯和成功的习惯一样容易养成，如果我们不杜绝掉坏习惯，也就不可能培养出好习惯。

马斯洛认为，一个完全健康的人的特征之一就是，充分的自主性和独立性。但有的人遇事首先想到别人，追随别人，求助别人，人云亦云，亦步亦趋。没有自恃之心，不敢相信自己，不敢自行主张，不能自己决断。

生活中存在着这样一些人，因为他们身上有某种缺陷，以为自己缺乏劳动能力，就对社会或是旁人产生依赖心理。殊不知不是你的缺陷误了你，而是你的依赖心理误了自己。

雨果说："我宁愿靠自己的力量打开我的前途，而不愿求有力者的垂青。"

　　比尔·盖茨也这样说道："依赖的习惯，是阻止人们走向成功的一个个绊脚石，要想成大事你必须要把它们一个个踢开。只有靠自己取得成功，才是真正成功。"

　　戏剧演员戴维·布瑞纳出身于一个贫穷但很和睦的家庭。在中学毕业时，他得到了一份难忘的礼物。

　　"我的很多同学得到了新衣服，有的富家子弟甚至得到了名贵的轿车。"他回忆说，"当我跑回家，问父亲我能得到什么礼物时，父亲的手伸到上衣口袋，取出了一样东西，轻轻地放在了我的手上，我得到了一枚硬币！"

　　"父亲对我说：'别人送给你的任何东西都是有限的，只有你自己才能赚下一个无限的世界。用这枚硬币买一张报纸，一字不落地读一遍，然后翻到分类广告栏，自己找一个工作。到这个世界去闯一闯，它现在已经属于你了。'"

　　"我一直以为这是父亲同我开的一个天大的玩笑。几年后，我去部队服役，当我坐在散兵坑道认真回首我的家庭和我的生活时，我才认识到父亲给了我一种什么样的礼物。我的那些朋友们得到的只不过是轿车和新装，但是父亲给予我的却是整个世界。这是我得到的最好的礼物。"

无论别人给你再怎么好的礼物，你所得到的东西都是有限的，只有你自己才能赚下一个无限的世界。我们做任何事情都不要指望别人帮助，更不要把希望寄托在别人身上。一味地依赖别人，只会使自己变得软弱，最终将一事无成。

一个做事总是喜欢依赖别人的人是一个可怜而孤独的人。他常常会四处碰壁，不被信任，不受欢迎，甚至会遭人鄙视，而这一切都是依赖所导致的恶果。依赖性情强的人就好比是依靠拐杖走路的不健康的人。

不能独立办成任何事情，便无从谈起操纵和把握自己的命运，命运之恩只能被别人操纵。这样的人，倘若有利用的价值，人家便会利用他。如果他的利用价值消失了，或者已经被别人利用过了，人家就会把他抛开，让他靠边站。只因为他太软弱无能，只因为他的心目中只能相信别人，不敢相信自己，更不敢自信胜过他人。倘若如此般度过一生，实在是枉为一生，太遗憾、太悲哀了。

依赖别人，意味着放弃对自我的主宰，这样往往不能形成自己独立的人格。如果在遇到问题的时候自己不愿动脑筋，人云亦云，或者盲目从众，那么一个人就失去了自我，失去了本应该属于自己的一次撑起一片天的机会。

把成功的希望寄托在别人身上，永远都不可能取得成功，想要依靠别人来获取幸福是不现实的。

苏联火箭之父齐奥尔科夫斯基10岁时，染上了猩红热，持续几天高烧，引起严重的并发症，使他几乎完全丧失了听觉，成了半聋。他默默地承受着孩子们的讥笑和无法继续上学的痛苦。

齐奥尔科夫斯基的父亲是个守林员，整天到处奔走。因此，教他写字读书的担子就落到了母亲的身上。通过母亲耐心细致的讲解和循循善诱的辅导，他进步得很快。可是，当他正在充满信心地学习时，母亲却患病去世了。这突如其来的打击，使他陷入极大的痛苦。他不明白，生活的道路为什么这么难，为什么不幸总是发生在自己的身上？他今后该怎么办？父亲摸着他的头说："孩子！要有志气，靠自己的努力走下去！"

是啊！学校不收，别人嘲弄，今后只有靠自己了！年幼的齐奥尔科夫斯基从此开始了真正的自学道路。他从小学课本、中学课本一直读到大学课本，自学了物理、化学、微积分、解析几何等课程。这样，一个耳聋的人，一个没有受过任何教授指导的人，一个从未进过中学和高等学府的人，由于始终如一的勤奋学习、刻苦钻研，终于使自己成了一个学识渊博的科学家，为火箭技术和星际航行奠定了理论基础。

想要依靠别人来取得成功是不现实的，那只能使你在变得软弱的同时，前途一片灰暗。路再远，只要自己去走，勇敢地去披荆斩棘，就一定能走到目的地。挫折的发生，必将给人们的信心带来或大或小的打击，从而使人或自弃，或自轻，或自疑，因此便会产生依赖的心理。只有真正的自强自立者，才能从打击的人阴影中走出来，重新恢复自信心，凭借自己的力量开出一片天地。

为了教育一个名叫詹斯顿的异姓兄弟，美国总统林肯给他写了这样一封信：

亲爱的詹斯顿：

我想我现在不能答应你借钱的要求。每当我给你一点儿帮助，你就会对我说："现在我们可以很好地相处了。"但是不久之后，我发现你又没有钱用了。你之所以会这样，是因为你在行动上有缺点。至于这个缺点是什么，我想你是知道的。你不懒惰，但你却游手好闲，总是指望别人的帮助过日子。

我还怀疑自从上次我们见面后，你没有好好地劳动过一天。我知道，你并不是讨厌劳动，但你不肯多做。这仅仅是因为你感到在劳动中得不到什么东西。这种无所事事、虚度光阴的习惯正是你的症结之所在。这对你是不利的，对你的孩子也有着很大的伤害。你必须改掉这个坏习惯。以后他们还有更长的路要走，养成了好习惯对他们有很大的帮助。他们从一开始就学会勤劳，这要比他们从懒惰中改正过来容易得多。此刻，你的生活需要钱，我的建议是，你应该自己去劳动，全力以赴地劳动，来换取报酬。

你家里的事情有你的父亲和孩子们来照管，比如，备种、耕作。你去做事，尽全力多赚钱，或者还清你的欠债。为了让你的劳动有一个合理的报酬，我决定从今天起到明年5月1日，你用你自己的劳动每赚1元钱或抵消1元钱的债务，我愿意额外给你1元钱。这样，要是你每个月能赚10元钱，还可以从我这里再得到10元钱，那么你做工一个月就赚20元钱了。你可以知道，我并非要你去圣·路易斯或加利福尼亚的锡矿或金矿厂去干活，我是要你就在家乡卡斯镇附近找一份待遇优厚的工作。

如果你愿意找事情做，不用多久你就可以还清债务，而且还会养成一个不欠款的好习惯，这样岂不是很好？反之，假如我现在都你还清债务，明年你一定还会背上一大笔债。你说你会为七八十元钱而放弃你在天堂里的位置，那么天堂里的位置也被你看得太不值钱了。我相信，如果你同意我的想法，工作四五周就可以拿到七八十元。你说要是我借给你，你就会将田地押给我，如果还不了钱，就把土地所有权让给我，这简直就是在胡闹！现在有土地你都很难过活，没有了土地你该怎么活呢？你对我一直很好，我也并不想刻薄地对你。反之，如果你接受我的劝告，你会发现这对你比10个80元珍贵。

　　林肯先生之所以给詹斯顿写这封信就是想让他振作起来，不要再依赖别人生活，只有靠自己才能过上真正的好日子。

　　一个人要学会在社会中自强、自立，不能只依赖别人的帮助。靠别人帮助只能解决一时之需，只有靠自己的力量才能创造出真正属于自己的辉煌。

别把命运交给别人

> 对我们的习惯不加节制，在我们年轻精力旺盛的时候
> 不会立即显出它的影响。但是它逐渐消耗这种精力，到衰老
> 时期我们不得不结算账目，并且偿还导致我们破产的债务。
>
> ——泰戈尔

国外电影里常出现这样的画面：当灾难降临时，主人公首先抓住胸前的十字挂像，然后不停地一边在胸前画十字，一边不停地祷告："主啊，救救我吧！"每当这个时候，我都幻想着也许救世主真的会从天而降把他救走，可是每次结局只有一种，那就是：主人公与十字挂像一同倒在血泊中，到死救世主都没有来。相信上帝的存在是一种信仰，但太过相信就会陷进被动的泥淖。当灾难降临时不采取行动而一味等待上帝的救

助，任凭命运的摆布，其结果只能使事态恶化并走向绝路。当他在呼喊上帝的时候，上帝没有听见，任凭他在死亡线上挣扎，如果他当时奋力挣脱魔爪或者采取相应的措施，也许可以摆脱险境。

如果在遭遇危险或不幸时，把命运交与上天处理，一切相信命里注定，不再采取任何解救的行动，那么结局往往只有一种：失败。相反，如果不相信命运，而相信自己本身的力量，也许结局便是另外一种模样。

然而，我们身边的很多人，有时甚至包括我们自己，都把这一生的命运交给了上帝。

上帝是根本不存在的，上帝只不过是人们给自己苦难心灵的一个慰藉，它空洞虚无，当大难来临时它毫无用处，所以，只有自己是自己的救世主，依靠任何自己本身之外的人和物都是毫无意义可言的。

让我们来看看一位饱学之士的故事吧。

一位秀才已经是第三次进京赶考了，在考试前几天他连续做了三个梦：第一个梦是梦到自己在墙上种白菜；第二个梦是下雨天，他穿了蓑衣还撑着一把伞；第三个梦是梦到跟心爱的表妹脱光了衣服躺在一起，但是背靠着背。这三个梦似乎有些蹊跷，秀才第二天一大早起来就去找算命的解梦。算命的一听，连拍大腿说："你还是回家吧。你想想，高墙上种菜不是白费劲吗？穿蓑衣打雨伞不是多此一举吗？跟表妹都脱光躺在一张床上了，却背靠背，不是没戏吗？"秀才一听，觉得分析得很有道理，于是心灰意懒，回店收拾包袱准备回家。店主人非常奇怪，便问："公子，不是明天才考试吗，今天你怎么就回乡了？"秀才把他的梦境和算命先生的话给店主人说了，店主人听了之后笑道："是这样啊，我也会解梦的。我倒觉得，你这次一定要留下来。你想想，墙上种菜不是高（中）种吗？穿蓑衣打伞不是说明你这次有备无患吗？跟你表妹脱光了背靠背躺在床上，不是说明你翻身的时候就要到了吗？"秀才一听，觉得很有道理，于是重新振奋精神，参加考试，结果居然中了个探花。

人生的发展方向和生死成败，完全取决于我们的人生态度。不管别人怎么跟你说，不管"算命先生"如何给你算，记住，命运在自己的手里，而不是在别人的嘴里！

看看我们身边的人和事，我们就会发现，有很多成功的人都是通过分析自身的特点，确立奋斗的目标，经过自己刻苦与努力，最终走向了成功。

有一个人在大海上航行，突然遇上了强烈的风暴，船沉没了，全船人死伤无数。这个人侥幸地获得一个小小的救生艇而幸免于难，他的救生艇在风浪中颠簸起伏，如同叶子一般被吹来吹去，他迷失了方向，救援的人也没有找到他。

天渐渐地黑了下来，饥饿、寒冷和恐惧一起袭上心头。然而，他除了这个救生艇之外，一无所有，灾难使他丢掉了所有，甚至自己的眼镜。他的心灰暗到了极点，他无助地望着天边，此时，他是多么渴望上帝这个救世主能来到他身边，把他从黑暗中救出去啊！但是过了很久，周围依然毫无动静。正在他绝望的时候，忽然看到一片片阑珊的灯光，他高兴得几乎叫了出来。这个灯光使他想到了家里的灯光、妻子，还有可爱的孩子，想到了年迈的父母，想到他们曾经对他说过的一句话："你是你自己的救世主！"这句话是在他年轻时激励他从困境中走出来的话。他想这次他也可以拯救自己。于是他奋力地划着小船，向那片灯光前进……

三天过去了，饥饿、干渴、疲惫更加严重地折磨着他，好多次他都觉得自己快要崩溃了，但一想到亲人，想到那句话，他又陡然添了许多力量。第四天的晚上，他终于划到了岸边。此时，他已经不吃不喝地在海上漂泊了四天四夜，当有人惊奇地问他是否有人帮助他脱离了困境时，他很骄傲地说："没有任何人，是我自己。"

是的，你是你自己的救世主，除此之外没有其他。

"向月亮射击，即使不能射到月亮，也会射到某一颗星星。"这是演讲家雷斯·伯朗所说的话。底特律著名的慈善家史坦利·克雷吉也说过："只要多打几发，不好的枪也能命中。"他们一个主张目标要高，一个认为应持续不断地向目标努力。两者都是改变命运所必要的基本态度。

据说，在韩国有一位执着的老翁，他在长达5年的时间内，先后参加了271次驾照的考试，结果都是以失败而告终。但是这老汉越挫越勇，终于在第272次参加驾驶理论考试时顺利地通过了。这是一种多么让人叹服的永不言败的精神啊！但是反观我们自己，在失败之后总是有千万个理由：要是再给我一点点时间的话、要是条件再好一点儿的话、要是对方认真对待的话……总之，我们总是有找不完的理由为自己的失败开脱，却从来看不到自身主观努力的不足。如果我们真的能够做到正视自己存在的缺陷，然后逐一弥补，那么我们离成功也就会更近了。但是我们却总是急于找理由来掩盖我们的失败，这样一次次冠冕堂皇的借口托词，最终也成了阻止前进的障碍。

成功人士的首要标志，在于他的心态。一个人如果心态积极，乐观地面对人生，乐观地接受挑战和应付麻烦事，那他就成功了一半。在生活当中，大部分失败的平庸者主要是由于心态没有摆正。每当遇到困难时，他们只是挑选容易的退路去走。"我不行了，我还是退缩吧。"最终结果是陷入了失败的深渊。成功者遇到困难时，却会保持积极的心态，用"我要，我能""一定有办法"等积极的意念鼓励自己，于是便想尽一切办法，不断向前进，直到成功的那一天。所以，有一位伟人说："要么你去驾驭生命，要么是生命驾驭你。你的心态决定谁是坐骑，谁是骑师。"

别怕吃苦

> 怀大志者常以名句勉励自己：天将降大任于斯人也，
> 必先苦其心志，劳其筋骨，饿其体肤……把它作为人生的
> 座右铭，一直告诫自己坚持下去！

俗话说：吃得苦中苦，方为人上人！古今成大器的人，无不是在逆境中奋发而一鸣惊人的。逆境是锻炼一个人的意志和心境的一种途径。优胜劣汰，有能力的人崭露头角，无能力的人则埋没于历史。

西晋著名的辞赋大家左思为了写旷世名篇《三都赋》，用了整整10年的时间。他为了把《三都赋》写好，无论是吃饭还是睡觉，时时刻刻都在构思这篇赋的语言文字、思想内容和艺术境界。为了能够及时地把自己突发的灵感记录下来，他无论

何时何地都不忘带着纸笔，一想到有什么好的句子，就立马记下来。

　　苦心人，天不负，十载寒暑过去，左思终于完成了他那名扬天下、流传千古的《三都赋》。《三都赋》语言华美、文笔流畅，无论在内容还是形式上，都取得了较高的艺术成就。文章一经问世，整个洛阳城为之轰动，大家竞相传抄。由于这篇文章较长，最主要还是抄的人太多了，顿时洛阳城的纸张变得供不应求，纸价暴涨。"洛阳纸贵"这个成语就是由此而来，这真是我国古代文坛一件无比风雅的盛事。

　　左思用了整整10年才写了一篇足以让他流芳百世的文章。而我们现在的一些年轻人据说一个星期就能写本小说，其浮躁心态可见一斑，小说的质量可想而知。所谓"台上三分钟，台下十年功"，任何成功者，都是付出了常人无法想象的艰辛才实现自己的人生和社会价值的。

　　拿破仑·希尔在成功之前，曾利用20年的时间帮助钢铁大王卡内基工作，这期间他一分钱的报酬也没有，在帮助卡内基的同时，也帮助了他自己——他本人在成功学研究上获得了巨大的成功。

　　"吃得苦中苦，方为人上人"是有道理的一句话，你可以把它奉为自己的人生格言，它能带给你很多希望，但你一定要坚信：只要你吃过了你该吃的苦，一定会迎来自己的快乐生活。有人说过："什么是痛快？痛快不就是先痛过，后来才快乐吗？"细细想来，这句话确实有它的道理。因为真的是痛苦发生在快乐之前。

　　人生好比一次旅行，辛劳和苦难其实就是我们不能不花的旅费。而在这一旅程中，我们可以得到各种各样的经验。当我们痛苦的时候，可以当作那是我们在旅途中跋山涉水、走狭路、过险桥；而当我们快乐的时候，其实就是我们到达了风光明媚的处所，卸下了行装，洗去了风尘，在流连欣赏。也正如旅行一样，我们不能总在某个风景胜地常住；住一阵之后，我们就又该背起行囊去寻觅另一个佳境。

　　另外，我们每个人都可能有环境不好、遭遇坎坷、工作辛苦的时候，说得严重一点儿，每个人从降生到这个世界以来，就注定要背起经历各种困难折磨的命运。

　　因此，人间的苦苦乐乐，我们都应该把它看作理所当然。做生意顺利的时候，财源滚滚而来，取之不尽，用之不竭，那是顺境；一旦遇上风险，生意急转直下，就要过一过节衣缩食的苦日子。想不开的人，逆境来临时就会急着想提早结束这次旅行，到那茫茫不可知的地方去；假如我们想得开的话，就该明白，我们就是为经历这些风险而来的。

作一个像样的旅行家需要勇气，也唯有勇敢承担旅途风险的人才可以到达人生的佳境，才可以享受到一般人所领略不到的"化险为夷""夜尽天明""腊尽春回"等的乐趣。因此，每逢逆境时，我们要忍一忍，熬一熬，再多拿出一份勇敢和信心；不要只看旅途的艰辛，而要把希望的灯点亮，去照见那你想要去的地方。

我们每一个人都有受到环境压力的时候。这时候，你与其悲伤流泪，倒不如用自己既有的条件去慢慢耕耘，等机会一旦来临，自己也有了足够的条件去应付，境遇就好转了。许多事实表明，一个人的生活需要可以缩小到最小限度，而他一样可以保持乐观豁达的心情。只要你自己不让自己消沉颓废，环境是不能把你怎样的。

懂得旅行乐趣的人，往往对平坦好走、容易到达的地方没有兴趣，而偏偏喜欢去找那些险峻的山、未开发的林或没有人烟的岛。他们认为旅行的乐趣在于克服那些途中的困难，在于到达别人所不易到达的地方，在于发现新的佳境。

懂得人生的人也是一样，他们往往不喜欢平稳庸碌的生活，而多半有胆量去尝试一些困难的、冒险的，但却有内容有意义的生活。因为他们知道，当困难克服了，险境过去了，他们才会尝到一些人生的真味，才会懂得人生的苦是怎样的苦法，乐又是怎样的乐法，贫穷的滋味怎样，失恋的滋味如何，而他们最大的收获却往往是成功的快乐。

"吃得苦中苦，方为人上人。"所谓"人上人"，并不是一般功利的想法，而是说，他可以在生活中比一般人较为豁达开通，眼光远大，做起事来可以得心应手。如果我们从小就安安稳稳、无风无浪的像花朵一样生活在暖房里，我们所见的天日就只有那一点点，所能适应的温度也就只有那一点点，没有丝毫的意义。

做事不要冲动

> 在面对生活时，人需要冷静；被人误解、忌妒、猜疑时，人需要冷静；得意、顺利、富足、荣耀时，人需要冷静；面对金钱、美色、物欲的诱惑时，人需要冷静。我们应该学会用冷静的心态做事，这样才会更理智，才会增加成功的概率。

一个人生活在社会上，免不了会遭到不幸和苦难的突然袭击。面对从天而降的灾难，有些人能泰然处之；而有些人则方寸大乱。为什么受到同样的打击，不同的人会产生如此大的反差呢？原因就在于人们能否冷静地应对各种突如其来的生活变故。

曾效力于皇家马德里队的法国球星齐达内把足球运动演绎得异常完美。原本已经要退役的这名老将为二十八届世界杯再次复出，这让无数球迷为之欢呼，这也是他最后一次向世人展示他的天赋。

这个传奇的人物在世界赛中表现得可圈可点：漂亮的"勺子点球"精彩地连过三人，以及在加时赛上那惊人的爆发力，无不让人惊叹赞许，足球在他脚下似乎和他是融为一体的。然而，就在2006年世界杯决赛上，却发生了让全世界为之震惊的一幕：齐达内用头猛烈地撞击在马特拉齐的胸膛上！这个举动招致了一张鲜艳的红牌，使齐达内含着泪水从大力神杯旁走过时，整个球场融在一片蓝色的旋涡中，看球的每一个人都有一点麻木的感觉。

第二天的各大媒体上都在热烈地讨论着马特拉奇到底说了什么，让如此成熟且有经验的老手居然会如此冲动。铺天盖地的报道都是认为齐达内当时不够冷静，马特拉奇在"耍阴谋"并得逞了。他利用了齐达内的冲动，使齐达内这个法国队的核心下场，从而削弱了对手的战斗力并战胜他。但这也得归咎于齐达内的不冷静，逞一时之快，留下的是后患无穷，本来是自己完美的谢幕却毁于失控的瞬间。人们在忧伤地送别齐达内的同时，他也为我们上了最后一课——人要冷静。

科学研究表明，因为过度的紧张、兴奋，会引起脑细胞机能紊乱，人就会处于惊慌失措、心烦意乱的状态，这时更会缺乏理性思考，虚构的想象会乘隙而入，使人无法根据实际情况作出正确的判断。可当人平静下来，再看先前的不幸和烦恼时，你会觉得所有的恐怖与烦恼只是人的感觉和想象，并不一定全部是事实，实际情形往往总比人冲动时的想象要好得多。人陷于困境往往缘于自身，是对自己和现实没有一个全面正确的认识，在突变面前不能保持情绪稳定。因此，当你处于困境时，被暴怒、恐惧、忌妒、怨恨等失常情绪所包围时，不仅要压制他们，更重要的是千万不可感情用事，随意作出决定。

比如，女人喜欢三五成群地一起出门购物，和一个女朋友出门的话，这个朋友就能给你好的穿衣意见，可是几个女人在一起时，冲动指数会以乘法增加。如果一个朋友抢先买下了你的理想衣服，另一个就可能耿耿于怀，强迫自己非买几件比别人好的才罢休。攀比时的脑袋是火热的，会给自己的购物冲动火上添油。冷静下来一看，说不定买的东西毫无价值。冷静的好处是，心态能在放松的情况下，独自理智地处理一件事。犹如购物，别人买到的好东西是别人的，而你要平静地找寻，说不定也会找到更适合自己的东西。

所以，冷静使人清醒，使人沉着，使人理智稳健，使人宽厚豁达，使人有条不紊，使人心有灵犀，使人高瞻远瞩。冷静与稳健携手，克敌制胜。诸葛亮冷静，镇定一座空城吓退司马十万兵；越王勾践冷静，反省卧薪尝胆图复国；鲁迅冷静，才有面对口诛笔伐"横眉冷对千夫指"的理智。但在不幸和烦恼面前，怎样才能保持冷静呢？

行之有效的办法不外乎是，尽情地从事自己的本职工作和培养广泛的业余爱好，暂时忘却一切，尽情享受娱乐的快感；多给人们以真诚的爱和关心，用赞赏的心情和善意的言行对待身边的人和事，你就会得到同样的回报；要学会宽恕那些曾经伤害过你的人，别对过去的事耿耿于怀。宽恕，能帮助我们愈合心灵的创伤，相信自己的情感，千万不要言不由衷，行不由己，任何勉强、扭曲自己情感的做法，只能加剧自己的苦恼而使自己更冲动。

《三言二拍》里有这样一个故事：说一老翁开了家当铺。有一年年底时，来了一人空着手要赎回当在这里的衣物，负责的管事不同意，那人便破口大骂，可这个老翁慢慢地说道："你不过是为了过年发愁，何必为这种小事争执呢？"随即命人将那人先前当的衣物找出了四五件，指着棉衣说："这个你可以用来御寒用，不能少。"又指着一件衣袍说："这是给你拜年用的，其他没用的暂时就放在这里吧。"那人拿上东西默默地回去了。当天夜里，那人居然死在别家的当铺里，而且他的家人同那家人打了很多年官司，致使那家当铺家资花费殆尽。

原来这人因为在外面欠了很多钱，他事先服了毒，本来想去敲诈这个老翁，但因为这个老翁的忍辱宽恕而没有得逞，于是便祸害了另一家人。有人将事情真相告诉了这个老翁，这个老翁说："凡是这种无理取闹的人必然有所依仗，如果在小事上不能忍，那就会招来大祸。"

要学会不在意，别总拿什么都当回事，别去钻牛角尖，别太要面子，别事事较真，别把鸡毛蒜皮的小事放在心上，别过于看中名利得失，别为一点儿小事而着急上火……动不动就大喊大叫，往往会因小失大，做人就要有"忍"的功夫。

爱冲动的人很难做成一件大事。我们每个人都有情绪，如果谁都可以任意发泄，那世界就会乱成一团麻。冲动反映了一个人意志控制力薄弱，冲动是理智思考的克星。我们要在刺激和危机面前，学会自制——尽量抑制正在膨胀的怒火，学会忍耐，保持冷静，理智地分析事情的来龙去脉，并从心灵深处检讨自己：是否给予了别人全部的信任，是否对自己的期望值太高，有没有考虑事情的后果，只有这样才能让自己在保持冷静的情况下对所发生的事情作出正确的判断，并用正确的方式去将其做好。

克服恐惧感

> 恐惧，完全是我们的一种消极思想。如果你也有这样的思想，就要努力让自己克服。当然，我们不可能将其连根铲除，但却至少应该将其控制在一定的范围之内。如果让它成为你生命中的主宰，那么在生活中你也就会举步维艰了。

恐惧是我们内心的一种感觉。当你感到恐惧之时，朋友也许会劝你说："别担心，那只是幻想。"也许的确如此。但有些时候，恐惧并不是幻想，而是摆在我们面前的残酷的现实。

恐惧，毫无疑问，是我们需要战胜的又一个敌人。但是，它是那样的强大，以至于使我们感到无能为力。其实，无论是什么样的人，都难以摆脱这种感觉。但这也并不完全是件坏事，因为它还可以对我们起到一定的约束作用。比如，你不会让自己破门而入，到别人那里偷东西。因为这样做是违反法律的，最终要受到法律的惩罚。而正是这种恐惧，约束着你的道德以及行为，使你在正确的轨道上行驶。

但是，恐惧对我们自身的发展也是有着很大的阻碍作用的。许多人之所以不能成功，就是因为他们成了恐惧的俘虏。哪怕他有能力，他有智慧，最终也会在恐惧的蛊惑下败下阵来。事实是否真的有这么严重呢？

让我们来看下面这个例子。

查德威尔是世界著名的游泳好手，她曾经横渡英吉利海峡，创造了世界纪录。1952年，她准备从卡德林那岛游向加利福尼亚，再创一项世界纪录。

那一天，天气很冷，当她游近加利福尼亚海岸时，已在水中泡了数个小时。她的嘴唇冻得发抖，全身不住地打着寒战。远方，雾气茫茫，使她根本分不清方向。她感到实在坚持不住了，便向跟在她后面的小船上的朋友求助。其实，当时她离海岸只有1609米了，只要稍稍坚持，便能成功。于是朋友们劝她再坚持一会儿。但是，查德威尔被恐惧攫住了心灵，她苦苦地哀求。最后，朋友只好将她拉上了小艇。

　　她曾告诉采访她的记者，如果当时能够看到海岸的话，她一定能够坚持下来。但后来，她意识到阻止她的，并非远处的迷雾，而是她内心的恐惧。

　　两个月后，查德威尔又一次尝试着游向加州海岸。当时环境仍很恶劣，冰冷的海水刺骨，浓雾弥漫在四周，照样使她看不清前进的方向。但这次她却没有退却。因为，陆地就在她的心中。

　　恐惧是我们的大敌，它会找出各种各样的理由来劝说我们放弃。它还会损耗我们的精力，破坏我们的身体。总之，它会用各种各样的方式阻止人们从生命中获取他们所想要的东西。

　　如何才能克服这种消极情绪呢？

　　首先，建立自信。信心，是一切力量的源泉。一个充满自信的人在生活中也会更加勇敢。信心完全是训练出来的，而不是天生就有的。你所认识的那些能克服忧虑，无论身处何地都能泰然自若、充满信心的人，都是磨炼出来的。

　　要想建立起信心，首要的一点就是要充分认识到自己的长处。一个人只有学会欣赏自己，才能充满力量。另外，就是充分利用这种长处。自身的长处是我们的资本，我们只有将其转化，才能实现人生的最大价值。

再就是学会赞美自己。当然，谦虚是人类的美德。但是，谦虚也是在承认自己价值的基础上所表达出的一种行为。如果没有"承认自己"这个前提，那么就不是谦虚，而是自卑了。

一个没有自信的人，就会对未来感到害怕。对未来感到恐惧还会使人麻痹，令你失去活力和面对困难的勇气。你必须学会及时将这些不良情绪清除，建立起信心。信心的建立需要一个很长的过程，需要我们在生活中慢慢地培养。

其次，加强体育锻炼。一个体质好的人承受压力的能力也就越强，因此在面对困难时也就更能保持一个良好的心态。就像革命战争时期，无论环境多么恶劣，我们的先辈们却仍然坚持锻炼身体一样。因为他们明白一个道理：身体是革命的本钱。相反一个体质弱的人其承受压力的能力也就越弱，因此在生活中也就少了许多勇气。因此，我们要注意加强体育锻炼，增强自己的体质，提高心理承受能力。

最后，多参加一些具有挑战性或冒险性的运动，例如，登山、跳伞、冲浪等。我们可能有过这样的经验，那些喜爱冒险运动的人在生活中也会很勇敢。这是因为恶劣的环境激发了他们的勇气，而这些也会在他们的生活中得以体现。所以，可以使自己有意识地从事一些具有挑战性的活动，这种方法往往很有效，久而久之，你也会慢慢地变得勇敢起来了。

　　生命，有如无限丰富而又深不可测的大海。而我们便生活在这浩瀚的大海之间。如果你能够应用你心智的定律，以和平代替痛苦，以信心代替畏惧，那么在生活中，你将所向披靡。

别怕冒险

> 万无一失意味着止步不前，那才是最大的危险。为了
> 避险，才去冒险，避平庸无奇之险，值得。
>
> ——杨澜

德国大诗人歌德说过：你若失去了财产——你只失去了一点儿，你若失去了荣誉——你就丢掉了许多，你若失去了勇敢——你就把一切都丢掉了。

不论你承受着多么大的负担，也不论你生活的环境有多么的不公，只要你愿意，只要你想改变这一切，你就一定会扭转这个不好的局面，你的梦想终会有实现的那一天。然而，如何才能实现呢？只要你敢于冒险，敢于挑战极限，才能体验生命的壮观。果断作出决策，我们可能还有胜利的希望，否则，会连一点

儿希望也没有。世界上没有万无一失的事，无限风光在险峰，没有风险，就不会有波澜壮阔的人生，就不会有绚丽壮美的人生风景。只有冒险才能更好地拓展流光溢彩的人生！生命的历程就是一次冒险的旅行，要成为弄潮的勇士，就要敢于挑战人生的波峰浪谷，就要有不入虎穴、焉得虎子的胆识和魄力。

敢想敢做，说得明了点，就是积极热情，就是良好心态的一种折射。当一个人缺乏生活的激情时，任何事都会对他产生很大的威胁，事事让他感到棘手、头痛，热情也跟着低落，就像必须用双手推动一座牢固的墙似的，费好大的劲儿才能完成某件事情。

反之，想了，做了，那么越投入工作就会变得越可行，信心也跟着大增。因此，同样一件工作，在巅峰型人和在非巅峰型人看来，会成为不一样的事情。巅峰型人看见的是机会，非巅峰型人看见的却是障碍。全力以赴的巅峰型人能看见事情的积极面及其可为之处；不投入的非巅峰型人却只看见难以克服的困阻，很快就气馁灰心。

讲到这儿，我们也不难看出，成功人士之所以杰出，不在于他们有多么好的运气，相反，他们的运气大多看上去并不太好，甚至是糟透的。关键的是，他们敢想敢干，敢于努力拼搏，敢于用行动克服困难、消除困难，不让不良心态有可乘之机控制他们，所以他们一直拥有自信，拥有成功必备的良好心态。

现在，很多人特别重视自己在生活中所处的位置和各种处境，过分地计较工作的条件和报酬。他们无法面对冷酷的现实，更无法突破环境和条件的局限和束缚，长期在失意和卑微中徘徊。在这种情况下，一个人必须坚持自己精神的独立和顽强的追求，突破环境的局限，开辟自己的路。如果不是坚持走自己的路，一个人即使在顺境中也会平庸无能，一事无成。

其实，人在生活中有成功也有失败。然而，传统观念使人们只注意从失败中吸取教训，而不注意对成功的研究，所以失败在人的心理上留下的印痕更深。如果一个人接二连三的失败，就会给他的心理造成冲击，会觉得自己一文不值，会把生活中的一些阴暗面无限放大，从而陷入悲观失望的消极情绪中不能自拔。而与一般人正好相反的是，成功者总能从消极与危机中看到积极的因素，因此也总能获得常人难以取得的回报。

一个人的位置和处境并不是最重要的，而往哪里走、走什么路才是最重要的。有了这个信念，你才能突破环境与条件的局限，走自己的路。

1964年，在美国俄亥俄州辛辛那提市有一处十分破旧的平民住宅区，很多人不喜欢住在这么一个脏乱破旧的地方，所以它便成了一个几乎无人居住的地方，房东也因此不能收到租金，只好宣布破产拍卖。

对于这处衰败的居住区，没有人对它感兴趣。这令房东十分苦恼，他四处打探新的买主，急着把破烂房子处理掉。

只有一个人认为机会难得，相信这个地方一定会有利可图。于是，他向银行贷款，一举买下了这个不被人们看好的平民住宅区。作为新主人的他，详细分析了原业主经营失败的根源，他对此做了大幅度的改进。为了能使它增值，他又把它作抵押，再次贷款来修整改建。然后，他把这处房产放盘出售。

仅一年，他就净赚了500多万美元。由于这次所尝到的甜头，他对这一行信心倍增，又不停地寻找机会。

1973年，他在报纸上看到一个消息，宾州中央铁路公司因资不抵债，而导致无法运行，只好申请破产。铁路公司把其旗下的金库多酒店放盘出售。在当时，金库多酒店所处地理位置相当优越，很多商人都竞相购买，但他们一看到很高的价码便偃旗息鼓了，但他毫不退缩，认为这个处于黄金地段的酒店，一定会带来丰厚的商业利益。于是，他毫不犹豫地贷款1000万美元，购得了这家酒店。然后，他又把酒店作为抵押，贷款8000万美元，对酒店进行了全面的装修改造。

经过装修改造后的酒店对外营业，每年的净利润就达3000多万美元，三年之后，他不但还清了所有的贷款，而且属于他的财富也滚滚而来了。

他就是美国地产大王唐纳德·特朗普，他的辉煌业绩举世瞩目。如今的他，拥有庞大的物业，如巨型超级市场、五星级酒店等，拥有数十亿美元的财富。

生活中，人们总是喜欢顺境，而不喜欢逆境。可是，从上所知，不管是经济萧条还是经营不佳导致的诸多消极因素中，都有可以利用的诸多优势。可以这样说，越是低迷，越有潜力可挖，也越有可利用的空间。这就好比一位学生努力从零分考到60分一样，是很容易的，但若想努力从90分考到95分，就很难了。所以，敢于冒险，敢于成为英雄，就要有突破常人所认为的逆境心态，才能抓住人生的发展机遇。

1865年，美国刚经历了南北战争的浩劫，人民取得了胜利，废除了农奴制度，但伟大的总统林肯被刺身亡，胜利的美国人民沉浸在欢乐和悲痛交织之中。

有着高瞻远瞩眼光的钢铁巨人卡内基看到自己的机会来了，他深信，经历了这场战争以后，美国经济的复苏是必然的，经济的发展一定会刺激钢铁的需求。于是，他义无反顾地辞去铁路部门待遇优厚的工作，把自己主持的两大钢铁公司合并为联合制铁公司，并让他的弟弟汤姆创立匹兹堡火车头制造公司并经营苏必略铁矿。

时势又赋予了卡内基大好的机会，加利福尼亚州刚刚并入美国，美国政府打算在那里修一条横跨大陆的铁路。卡内基克服了重重困难发展钢铁，还买下他人与钢铁公司有关的专利。

但到了1873年，美国的经济大萧条到来了，金融业陷入了瘫痪之中，各地的铁路工程支付款被中断，现场施工被迫停止，铁矿山和煤矿都相继停业，连匹兹堡的炉火也熄灭了。

在如此困难的境地，卡内基却反常人之道，他打算建造一座钢铁制造厂，还成功地让摩根注入了股份，结果，建厂成本比他原先估计的还便宜许多，这令卡内基兴奋不已。

到了1881年，他又和焦炭大王费里克达成合作，双方各投资一半组建F·C费里克焦炭公司。这一年，卡内基以他自己的三家制造企业为主体，又联合了许多小焦炭公司，成立了卡内基公司。

后来，卡内基兄弟的钢铁产量占全美钢铁产量的七分之一，卡内基公司逐步迈向垄断型企业。

卡内基敢于反常人之想，敢于发现，也敢于利用逆境促成良机，抓住了逆境特有的有利因素，走向事业的成功之巅。

害怕冒险其实是一种懦弱的表现，这样的人只会想着去生活，但是从来就没有真正地生活过，因为懦弱的心理都存在一种基本的恐惧，也就是对未知的恐惧。主要因为他将自己永远保护在已知的安全地带，那是他们最熟悉的世界。但是，一旦开始跨出自己已知的屏障之外的时候，那也是一种勇敢的冒险，是非常危险的一步。但如果你敢去冒那个别人不敢冒的险，你就会活生生地存在，充实地生活着，你更会变得越来越真实，因为，灵魂唯有在巨大的冒险中，才会诞生出多彩的、丰富的人生。不然，你将永远只是在维持一个弱体的空壳，在空虚中生存着。那么，你注定会草草地度过平庸的一生。

别跟自己过不去

> 自律是修身立志成大事者必须具备的能力和条件，希望每个人都能做到自律！
>
> ——罗伊·加恩

　　从本质上讲，自律就是你被迫行动前，有勇气自动去做你必须做的事情。自律往往和你不愿做或懒于去做，但却不得不做的事情相联系。"律"既然是规范，当然是因为有行为会越出这个规范。一个自律能力非常强的人，无论事情大小，他都做得比别人成功，哪怕是日常生活中的刷牙洗脸等小事都会处理得有条不紊。即使有一天当他回家后，已经站都站不住了，他还是不会倒床就睡，他也要克服身体上的疲惫，坚持进行洗漱，绝不放纵自己的行为。这是什么行为呢？这就是自律的行为。而有的人，只要是遇到一些让自己讨厌或使行动受阻挠的事情，他们就会受自己情绪的干扰，就会放弃，他们就开始自己打败了自己。

　　一个人必须学会自律、自爱。一个人只有给自己一分充足的信心，才能使自己拥有一分饱满的热情，自己才能全身心地投入到各种社会活动中，才能更大程度地发挥出自己更多的才能。我曾在一书中看到这样一段话："一个对自己负责的人，是他取得成功的动力源泉。一个人的意志能够发挥无限的巨大力量，它能够把梦想转变为现实。对于一个想有所成就，想取得成功的人来说，必须全神贯注，放弃欲望，作出牺牲，体验挫折的滋味。经历过种种磨炼之后，才能使自己变得非常强劲、坚忍、健全、平衡。这种性格的形成，才能使我们充满力量，自己才能有坚强的信心，对未来充满美好的憧憬。"

　　要自律首先就得勇敢面对来自各方面的一次次自我的挑战，不要轻易地放纵自己，哪怕它只是一件微不足道的事情。自律，同时也需要主动，它不是受迫于环境或他人而采取的行为；而是在被迫之前，就采取的行为。前提条件是自觉自愿地去做。在我们的工作当中，我们要时时提醒自己的各种行为意识，同时你也可以有意识地培养自律精神。比如，担忧、焦

虑、仇恨、忌妒、愤怒、贪婪、自私等，都是工作效率的致命
敌人。一个人受到这些情感的困扰时，他就不可能将他的工作
做到最好。这就好像一块有精密机械装置的手表，如果其轴承
发生摩擦就走不准一样，要使这块表走得很准，那就必须精心
地爱护它。每一个齿轮、每一个轮牙、每一根轴承都必须运转
良好，因为任何一个缺陷，任何一个地方出现了摩擦，都将无
法使手表走得很准。所以，一个想要成就大事的人，只要有一
颗伟大而崇高的心灵，任何事物都无法阻挡他前进的脚步；只
要有坚定的意志，这个世界终将听到他发出的声音。

　　一个人要想走向成功，还要坚信成败并非命中注定的，而
是依赖于个人努力的程度，同时更需要有一分坚信自己能战胜
一切困难的勇气。因此，我们必须相信："一个人，征服了自
己，也就征服了世界。""没有人能打败我们，除了自己。"

　　1965年9月17日，世界台球冠军争夺赛在美国纽约举行。
路易斯·福克斯的得分一路遥遥领先，只要再得几分便可稳拿
世界冠军了。就在这个时候，他发现一只苍蝇落在主球上，他
挥手将苍蝇赶走了。可是，当他俯身准备击球的时候，那只
苍蝇又飞回到主球上来了，他在观众的笑声中再一次起身驱
赶苍蝇。这只讨厌的苍蝇破坏了他的情绪，而更为糟糕的是，

苍蝇好像是有意跟他作对似的，他一回到球台，它就又飞回到主球上来，引得周围的观众哈哈大笑。路易斯·福克斯的情绪坏到了极点，终于失去了理智，愤怒地用球杆去击打苍蝇，球杆碰到了主球，裁判判他击球违例。他因而失去了一轮机会。之后，路易斯·福克斯方寸大乱，连连失分，而他的对手约翰·迪瑞则越战越勇，超过了他，最后夺走了桂冠。第二天早上，人们在河里发现了路易斯·福克斯的尸体，他投河自杀了！

　　一只小小的苍蝇，竟然击倒了所向无敌的世界冠军！路易斯·福克斯最终夺冠不成反被夺命，这是一件本不该发生的事情，但它确实发生了。

　　情绪的负面影响是如此的可怕。但与此相反的却是海明威的《老人与海》给了我们信心。这部小说描写古巴老渔民桑提亚哥在海上三天三夜捕鱼的经历。在这之前，他接连84天出海一无所获，一直伴随他的小男孩曼诺林也被父亲叫走，剩下他孤零零一个人。但是，桑提亚哥并没有丧气，在第85天继续驾舟出海。翌日，他在远离海岸的深海里网到一条比自己的船还大的马林鱼，他使出全部力量，经过两天两夜的奋战，终于杀死了大鱼。可在归途中，他连续遭到凶猛的鲨鱼的袭击，桑提亚哥虽已精疲力竭，仍旧不屈不挠地与鲨鱼展开了殊死搏斗。经过艰苦卓绝的恶战，他总算击退了鲨鱼群，可那条马林鱼也被啃成了空骨架。

　　这部小说生动地展现了主人公的命运。同时也让我们看到了一个积极的人是如何对待生活的，这是一种对精神的讴歌，是对艰难险阻的挑战，不惧失败的赞歌。因为老人具有积极的心态，"他的希望和信心从来没有消失过，现在又像微风初起的时候那样清新了"，"痛苦对于男子汉来说不算一回事"。老人就以这种心态让我们深深地感受到了两点：第一，我们决不能让别人的劣势战胜自己的优势；第二，每当事情出了差错，或者某人真的使我们生气时，我们不仅不能大发雷霆，而且还要用宽阔的胸怀来对待。这正如海明威在小说里所反映的一样："一个人并不是生来就要被打败的，你尽可以把他消灭掉，可就是打不败他。"凭着这股"打不败"的精神，老人继续跟鲨鱼斗了起来。直到杀死最后一条鲨鱼，老人也累得喘不过气来，嘴里涌起一股血腥味。老人疲劳过度，回到家倒下就睡着了。梦中，他又梦见了力量和勇敢象征的狮子。至此，我们发现在这位老人身上始终洋溢着那么一种情绪，那是由畅快的痛苦、危难中的拼搏、老态龙钟的活力，以及凯旋式的失败所组成的悲壮而热烈的交响曲。

所以，成功寓于必胜的信念中。如果一个人对人生或对一件事没有信心，那么他的意志必定消极，行动也不会得到力量，遇到困难或挫折就十分容易让步或退却。

不要一条道跑到黑

> 无论我们个人的学习曲线在哪个阶段，总会有成长和改进的空间。最主要的是我们应该努力去发现自己到底适合什么样的工作。倘若我们知道了自己适合做的工作，就要善用自己的天分来采取行动，光是被动地坐等，永远也不能改变现状。

人们常常抱有这样一种看法，认为自己虽然遇上了许多困难，但这时只要再坚持一下，成功往往就会到来。

这个看法并没有错，但问题在于，如果我们选择的道路本身就存在着一些难以克服的问题，这个时候就不应该再坚持下去，不要一条道走到黑。

或许我们一直抱着这样一个观念：每一个成功的企业，差不多在开始的时候都出现过困难，渡过了难关之后，前面就是康庄大道。

其实，如果我们一开始就选择了错误的道路，遇到了困境，还一味地死撑下去，我们可能很快就会陷入破产的困境之中。

在这个时候，我们就需要转变思路，重新去寻找自己的出路。法兰克·辛纳屈说得好："我们重整旗鼓，再回到战场上，这就是人生……"我们不能自怨自艾、愁眉不展，我们要做的是重新振作起来，动手去做，做到事情有起色为止！失败和成功一样，都是人生的插曲，就像输与赢，也是生活的一部分。重要的是去思考，要如何才能在同一个跌倒的地方不再跌倒。只有这样，我们才会把眼光放得高一些，而不是坐井观天。

飞机的发明者是莱特兄弟，在发明飞机之前，他兄弟二人读到高中时就放弃了学业，更没有受过大学之类的正规教育。但二人所具备的知识，却远远超过了大学生、硕士、博士所拥有的更重要的知识，那就是他们知道人生应该如何走，在走到什么时候应该停下来看看，然后不断地调整自己的人生方向。

在发明飞机之前，莱特兄弟对飞机的概念一无所知，因为他兄弟二人只是在路边拾马骨头的人。他们曾到郊外捡拾马骨头卖给肥料公司，或捡拾一些废金属卖给废铁厂。然而，他们并没有把做这些事情持续下去，之后他们就开设印刷厂印刷报纸，但也以失败结束。最后他们开了一间规模很小的自行车车行，从事修理及贩卖。

然而，无论做任何生意，两兄弟始终没有做成功，但他们却在为寻找自己的人生航向而不断探索。一个星期六的下午，两兄弟正坐在一个山坡上探讨人生的未来走向，当他们感到疲倦躺在一片阳光闪烁着的草地上时，他们突然看到有一只秃鹰在高空展翅飞翔，他们有了一种制造飞机的想法。不久，他们又观察到雄鹰的飞翔是随着上升气流振翅高飞，这为他们发明飞机做了很好的启示。

不久，他们就在自行车店里制作了风动试验场，开始实验机翼如何才能减少风阻的情形，他们也经常用放风筝的实验来加以完善。结果是完成了一架比风筝更大的滑翔机，他们把滑翔机搬运到北卡罗来纳州的基尔德比丘陵。

经过数年对滑翔机的不断改进，莱特兄弟便将引擎装设在滑翔机上使其成为飞行机。

1903年12月17日，是人类历史上值得纪念的一天，莱特兄

　　弟二人商议，由掷铜板决定谁先坐上飞行机，结果由弟弟奥维尔先上。当天上午10点钟，天空低云密布，寒风刺骨。被威尔伯·莱特和奥维尔·莱特兄弟俩邀来观看飞行的农民冻得直打寒战，一再催促兄弟俩快点飞行。

　　这次由奥维尔试飞，只见他爬上飞机，伏卧在驾驶位上。一会儿，发动机开始轰鸣，螺旋桨也开始转动。

　　突然，飞机滑动起来，一下子升到3米多高，随即水平向前飞去。"飞起来啦！飞起来啦！"几个农民高兴地欢呼起来，并且随着威尔伯，在飞机后面追赶着。

　　飞机在空中飞行12秒，飞行了36.5米后，稳稳地着陆了。威尔伯冲上前去，激动地扑到刚从飞机里爬出来的弟弟身上，热泪盈眶地喊道："我们成功了！我们成功了！"

　　45分钟后，威尔伯又飞了一次，飞行距离达到52米；又过了一段时间，奥维尔又一次飞行，这次飞行了59秒，距离达到255米。

　　这是人类历史上第一次驾驶飞机飞行成功，莱特兄弟把这个消息告诉报社，可报社不相信有这种事，拒不发布消息。莱特兄弟并不在乎，继续改进他们的飞机。不久，兄弟俩又制造出能乘坐两个人的飞机，并且在空中飞了一个多小时。

消息传开后，人们奔走相告，美国政府非常重视，决定让莱特兄弟做一次试飞表演。

1908年9月10日这天，天空异常晴朗，10点左右，弟弟奥维尔驾驶着他们的飞机，在一片欢呼声中，自由自在地飞向天空，两只长长的机翼从空中划过。飞机在76米的高度飞行了1小时14分，并且运载了一名勇敢的乘客。

人们仰望天空，呼唤着莱特兄弟的名字，多少代人的梦想终于变为现实。过后不久，莱特兄弟创办了一家飞行公司，同时开办了飞行学校，从这以后，飞机成了人们又一项先进的运输工具。

不为明天的事忧虑

> 明天的重担加上昨天的重担，必将成为今天的最大障碍。要把未来像过去那样紧紧地关在门外……未来就在于今天。
>
> ——卡耐基

富兰克林曾说过："把握今日就等于拥有两倍的明日。"俄国作家赫尔岑认为：时间中没有"过去"和"将来"，只有"今天"才是现实存在的时间，才是实实在在的，才是最有价值和最需要人们利用的时间。但在生活中，我们更常见的，却是那些将今天该做的事拖延到明天。更有甚者，相当一部分人即使将事情拖延到明天依旧无法做好。对此，你的正确态度应该是，今天的事情今天就要做完，否则你将无法做成那些大事，也不太可能取得成功。

有个小和尚，他每天早上的任务是要把寺院里面的落叶清扫干净。一到秋冬交替，漫天飞舞的落叶便让小和尚头痛不已。怎么才能让自己更轻松些呢？有个师兄给他出了个主意："你明天在打扫之前先把每一棵树的叶子都摇下来，这样你以后打扫起来不就方便多了么？"小和尚觉得这个办法很不错。于是，第二天他早早地便起来了，按照师兄的方法他使劲地摇动着每一棵树，他干得非常起劲，在天还没亮之前他就已经扫完了整个寺院。一整天小和尚都非常开心，因为明天他就可以不用再扫那些讨厌的落叶了。第二天，小和尚到院子里一看，不禁傻眼了，院子里如往日一样满地落叶。这时，老和尚走了过来，他拍了拍小和尚的头，对他说："傻孩子，无论你今天怎么用力去摇动这些树木，明天的落叶还是会飘下来的。"小和尚终于明白了，世上有很多事是无法提前预知的，就像这叶子一样，只有到了该飘落下来的时候才会落下来。人也是如此，唯有认真地活在当下，才是最真实的人生态度。

世上几乎所有的人都会在生活中遇到或大或小的"不幸"，然而更为不幸的是，很少有人知道该怎样做才能顺利度过这些生活中的不幸遭遇。罗伯特·哈罗德·卡什诺在他的畅销书《当不幸降临到善良的人们》中曾告诫人们：我们不应该总是把眼光落在过去和痛苦上，我们不应该总是自问："为什么不幸偏偏降到我头上？"代替这句话的应该是面向未来的问题"既然这一切都已经发生了，我应该做些什么呢？"但是，生活中的许多人当他们处于迷茫之中的时候，首先考虑的却往往不是这个问题。

　　一日，早斋的时间刚过，就有一个人来到寺院里请住持大和尚指点人生。住持邀他进入内室，刚坐定，大和尚就发问道："你吃早餐了吗？"这人点点头。"你洗餐具了吗？"大和尚又继续问道，这人又点点头。"那你有没有把碗晾干呢？"大和尚似乎还是不愿意就此结束这个话题。"是的。"见住持如此发问，这人只好如实回答，"那么，现在你可以为我指点人生了么？""你已经有答案了。"住持说完这句话，就吩咐小僧把这人送出了内室。几天后，这人终于悟出了住持大和尚点拨的人生真谛：人生就是要把重点放在眼前，必须全神贯注于当下，因为这才是真正的要点。

　　活在当下，是一种全身心投入人生的生活方式。你只有选择活在当下，你才不会被过去所拖累，也不会为没有未来而胆寒。此时，你全部的能量都集中在这一时刻，你的生命也因此具有一种强烈的张力。

想想看，大多数人的人生是否都是这样度过的呢？年轻的时候，拼了命想挤进一流的大学；随后，想赶快毕业，找一份好工作；接着，又迫不及待地结婚、生小孩；然后，又整天盼望小孩快点长大；后来，小孩长大了，你退休了，此时，你也老得几乎连路都走不动了……当你正想停下来好好喘口气的时候，生命也快要结束了。

对你而言，生命就是一切。当生命走向尽头的时候，你是否明白：你这一生有什么遗憾吗？你认为想做的事你都做了吗？你有没有好好笑过、真正快乐过呢？与其那样劳碌一生、时时刻刻都在为生命担忧、为未来做准备，一心一意计划着以后发生的事，不如眼光放在"现在"深刻领悟"时不我予"！

爱德华·依文斯出生在一个贫苦的家庭里，像所有穷困的孩子一样，他卖过报纸、当过杂货店店员。直到8年之后，他鼓起勇气开始了自己的事业。就在他的那份事业刚刚起步的时候，他替一个朋友背负了一张面额很大的支票，而那个朋友破产了，这对他来说无疑是一个重大的打击。接下来没多久，那家存着他全部财产的大银行也破产了，为此他负债16万美元。

此时，上天似乎也完全抛弃了对依文斯的眷顾之情，依文斯开始生起奇怪的病来，医生告诉他只有两个礼拜好活了。想到自己在这美好的世间只有几天好活了，他突然感觉到了生命的宝贵。于是，他彻底放松下来，决定好好把握自己剩余不多的每一天时间。

他的这种精神似乎也感动了上苍那颗冷漠的心，于是上天赐予了他一个奇迹：两个礼拜之后，依文斯没有死。6个礼拜之后，他甚至已经能够回去工作了。在经历了这场生死考验之后，依文斯大彻大悟，洞悉了人生的真谛：患得患失是无济于事的，对一个人来说，最重要的就是要把握住现在。现在他对于一个礼拜30块钱的工作，也能坦然面对，尽管他以前一年曾赚过两万块钱，可是现在因为能找到这份工作他就已经很高兴、很满足了。正是有这种心态，依文斯事业的进展反而更加迅捷了，没几年工夫，他已是依文斯工业公司的董事长了，他的公司在美国华尔街股票市场交易所里一直保持着旺盛的生命力。或许，就是因为学会了只有生活在今天的道理，爱德华·依文斯才取得了人生的胜利。

库里希坡斯曾说："过去与未来并不是'存在'的东西，而是'存在过'和'可能存在'的东西。唯一'存在'的是现在。"

著名作家玛丽亚·埃奇沃斯对于"从今天做起"而不是"从明天开始"的重要性有着深刻的见解。她在自己的作品中写道："如果不趁着一股新鲜劲儿，今天就执行自己的想法，那么，明天也不可能有机会将它们付诸实践；它们或者在你的忙忙碌碌中消散、消失和消亡，或者陷入和迷失在好逸恶劳的泥沼之中。"

生活中，总是会有人说，还有明天呢，你不用总是那么着急。可是，明天还有明天的事要做。对于那些珍惜时间的人而言，今天才是最珍贵的，今天的成就就是明天更好的开始。没有今天，明天就会一无所有。所以，成功人士会抓住今天的时光，为自己积累财富，那些总想着还有明天的人，永远都不会有所成就。

不要逃避现实

> 接受无法抗拒的事实，唯有此才能克服生活中所遇到的各种不幸。人生在世，生活中不尽如人意的事情谁都可能会遇到。正所谓，天有不测风云，人有旦夕祸福。

世界上的有些事情是可以改变的，有些事情则是无法改变的，诸如亲人亡故、各种自然灾害的发生，既然已经成为既定的事实，你就要坦然去面对它。否则，只不过是徒增哀伤而已。

在荷兰的阿姆斯特丹，有一座建筑于15世纪的古老寺院。在寺院中央的一棵大槐树下有一块石碑，碑上刻着：既已成为事实，只能如此。

希腊伟大的演说家德莫森，他小的时候因为口吃而害臊羞怯。他父亲死后留给他一块土地，希望他能够以此维持生活。但按照当时希腊法律的规定，他必须在声明拥有土地权之前，先赢得公开举行的所有权辩论。很不幸，口吃加上羞怯的性格使他丧失了那块土地的所有权。但他没有被此击倒，而是发愤努力战胜自己，于是，他终于成了希腊历史上最伟大的演说家。历史忽略了那个获得他土地所有权的人，但几个世纪以来，整个欧洲都记得这样一个伟大的名字——德莫森。

有一位瓷器收藏爱好者，他新近购得一只明代官窑的瓷碗，他对其爱不释手，每天都是擦了又擦，看了又看。一天，他依旧像往常一样拿起这个瓷碗细细观赏，一个不留神，瓷碗掉在地上摔得粉碎。这下，这位瓷器爱好者的心仿佛油烹一样难过。从此，他每天都呆呆地望着那堆瓷碗的碎片，茶饭不思，人也变得越发憔悴起来。时光在他近乎绝望的眼神中滑过了半年，最终这个瓷器收藏者精力衰竭而亡。直到他咽气的时候，他的手上还拿着那个已经破碎的瓷碗碎片。

这位收藏者的心情我们是可以理解的，对于他的不幸遭遇我们也是深表同情的，但是他却最终也没能明白这样的一个道理：覆水难收！纵使他如何悲伤，也不能够使破碎的古瓷碗再恢复原样。所以，在生活中如果发生了类似无可挽回的事情时，我们就要学会接受它、适应它。一场大火烧光了爱迪生的所有设备和成果，但他却说："大火把我们的错误全部都烧光了，现在我们可以重新开始了。"

看过影片《阿甘正传》的朋友都知道，童年的阿甘双脚无法走路，靠背撑和两脚上的那些金属支架才支撑起他摇摇晃晃的身子。到了该上学的年龄，他的校长因为阿甘的智商只有75，就拒绝他入学。在学校里阿甘为了躲避别的孩子的欺侮，他跑着躲避别人的捉弄。在中学时，他为了躲避别人而跑进了一所学校的橄榄球场，就这样阿甘被大学破格录取，并成为橄榄球巨星，受到肯尼迪总统的接见。大学毕业之后，阿甘入伍去了越南战场，不管别人对战争有多么的仇视，他认为自己应该做好的就是今天的事，因而对国内高昂的反战情绪毫不理会。同样，执着又成就了他，作为英雄他受到了约翰逊总统的接见。

阿甘有一个从小青梅竹马的玩伴珍妮，阿甘和珍妮在大树上培养着他们深厚的友谊，后来两人也互相喜欢着。但珍妮向往一种更有激情的生活，这是阿甘所不能给她的，于是，她出走了。阿甘虽然很爱珍妮，她的出走也让阿甘很伤心，但阿甘并没有就此沉沦下去。他依然按自己的想法，按部就班地做着自己的事情。他从不想自己的明天会怎样，只是每天坚持做着自认为该做的事。恰恰是这种心态，成就了阿甘一个又一个的业绩：他先成了美国的乒乓球巨星，直接参与中美两国的乒乓外交活动，并受到了尼克松总统的接见；后来，他又有了十几条船，成了一个捕虾公司的老板，并成了百万富翁；在这时候，珍妮回来了，在和阿甘共同生活了一段日子后，她又走了。郁闷使阿甘突然觉得自己想跑，于是他开始奔跑，这一跑就横跨了整个美国，他又一次成了名人。阿甘肯于接受他生活中难以改变的现实，所以阿甘创造了自己人生的辉煌。

所以，任何人遇到不尽如人意的事情发生时，情绪都会受到一定的影响。对于那些已经存在的既定事实，当你无法改变它的时候，就要学会去接受它、适应它。否则躲在角落里悲悲戚戚、自怨自艾，那样只会毁了你的生活。

很多时候，我们的烦恼不是来自于对"美"的追求，而是来自于对"完美"的追求。由于刻意追求完美，我们不能容忍缺陷的存在。结果，经常一点儿小小的缺陷，就可能遮蔽住我们的眼睛，使我们的目光滞留在缺陷上，从而忽略了周围其他的美好之处，以致错过了许多美好的东西。

小蜗牛一生下来就对背上这个又硬又重的壳烦恼不已，他问妈妈："为什么我们一出生就要背负着这样一个笨重的硬壳呢？"

"傻孩子，因为我们的身体没有骨骼的支撑，所以我们需要这个硬壳的保护啊！"妈妈慈爱地说。

"可是毛毛虫也没有骨头啊，他们为什么就不用背这样一个又硬又重的壳呢？"小蜗牛又问。

"因为毛毛虫以后会变成蝴蝶，飞到天空中去，天空会保护他们的。"

"那么小蚯蚓呢？他们也没骨头，也爬不快，他们也不会变成蝴蝶，为什么他们不用背这个又硬又重的壳呢？"小蜗牛似乎要打破砂锅问到底了。

妈妈还是耐心地给小蜗牛解释："因为小蚯蚓会钻到地里面去，大地会保护他们的。"

"那我们真是好可怜啊，天空不保护我们，大地也不保护我们。"小蜗牛失声痛哭起来。

"所以我们有壳啊！我的孩子！"蜗牛妈妈拍拍小蜗牛的

肩膀，安慰他说："我们既不靠天，也不靠地，我们就靠我们
自己。"

　　是啊，蜗牛妈妈的话说得多好啊！面对不可改变的现实，
我们也要学会坦然面对，或许你会发现原先的劣势其实也可成
为优势，原先的不足其实也能转化为特长。

不急于求成

> "欲速则不达。"你越是急躁，越是在错误的思路中
> 陷得更深，就越难摆脱痛苦。不要急于求成，成功不是一
> 天就能达到的，一切都有赖于下功夫才行，当获得一些小
> 成功时，大成功也就在门外了。

许多人虽然很聪明，但心存浮躁，做事不专一，缺乏拼搏精神，到头来只是一事无成。古人云："锲而不舍，金石可镂。锲而舍之，朽木不折。"成功人士之所以成功的重要秘诀就在于，他们将全部的精力、心力放在同一目标上。

从前，有一个年轻人想学武术。于是，他就找到一位当时武术界最有名的老者拜师学艺。老者把一套拳法传授于他，并叮嘱他要刻苦练习。一天，年轻人问老者："我照这样学

习，需要多久才能够成功呢？"老者说："10个月。"年轻人又问："我晚上不去睡觉来练习，需要多久才能够成功？"老者答："10年。"年轻人吃了一惊，继续问道："如果我白天黑夜都用来练拳，吃饭走路也想着练拳，又需要多久才能成功？"老者微笑道："那你今生无缘了。"年轻人愕然……

年轻人练拳如此，我们生活中要做的许多事情同样如此。切勿浮躁，遇事除了要用心用力去做，还应顺其自然，才能够成功。

人人都渴望成功，心里怀有一种急切的心态，但很多人并不看重成功本身，他们渴望成功后带来的滚滚财源和虚名威望，这就导致了浮躁心态的形成，这样的结果会阻碍你的成功。

无论哪种成功，都需要一个艰辛奋斗的过程。

尽管眼下大学生就业形势并不乐观，但还是有不少将要跨出校门和刚跨出校门的大学毕业生对此缺乏应有的心理准备，有的大学生甚至认为月工资低于2000元的工作不值得去做。但令人忧虑的是，虽然这些大学生对待遇的要求很高，可是实际工作能力却不出色，有的大学生在实习期间业绩平庸，根本不适应企业发展的需要。这是一些大学生急于成功的浮躁心态在作怪。

　　有个大学老师说："现在不少学子急功近利严重，他们已很难平静地听完老师和家长的话，难以看完一本名著或欣赏完一首名曲，他们对基础理论课的学习不感兴趣。"这些学生忘记了从量变到质变的道理，他们希望立竿就能见影，甚至渴望获得知识像给汽车加油一样，在数秒钟内使自己成为天才……这都源于浮躁的驱动，源于年轻人急于求成、渴望结果的超常迫切心态。

　　虽然我们满脑子都是愿望，但许多人常常喜欢将成功归因于运气，甚至命运。或许"成功"早已悄悄地来临，可是他们内心并没有感受到喜悦，这些人因为过度相信"成功应该是什么样子"，始终把眼光放在远处，看不清现在，想法变得越来越愚钝，他们的情感和心灵已经走进了死胡同。

不要过分自私

　　　　贪婪是人类的一种劣根性，只能预防，而不能断绝。
因此，我们的一生都在与自己的欲望做着较量。如果你可
以驾驭它，就可以成为自己的主人；如果你被它控制，那
么终会食其恶果。

　　根据美国著名心理学家马斯洛提出的层次需求理论，任
何人都会有生理需求、安全需求、社交需求、尊重需求和自我
实现需求，而对于那些渴望辉煌的人，希望得到的东西有可能
会更多，这是很正常的，也是每个人都具备的一种心理，更是
人的行为的原始推动力，人的许多行为就是为了满足需求。但
是，需求要受到社会规范、道德理论、法律法令的制约，不顾
及社会历史条件的需求，一味地想满足自己的各种私欲的需求
是自私心理的表现。

苏格拉底曾用这样一句话告诫人们："德行不出于钱财，钱财以及其他一切公与私的利益却处于德行。"自私正是对德行的背离，一个自私的人并不仅仅体现于注重钱财，他们事事都会以自己为中心，他们考虑问题的出发点是"是否对自己有利"，并只针对自己有利的方面去行动，期间完全不会顾及任何人，这就是他们全部的生活基础。

无论从哪个方面来讲，自私对人的危害都是非常大的。一个自私的人不会有真正的朋友，不会受到别人的尊重，永远都无法体会到真正的快乐，更无法获得成功。一个雄心勃勃的人，如果不能首先克服自私，任何有价值的接近真善美的目标都难以实现，并且最终还会被自私所拖累，导致一切都变成泡影。

从前，有个喜欢穿贵重皮衣和吃精美食物的有钱人。一天，他想炫耀自己的财富，便想做一件价值一千两银子的皮衣。自然没有那么多的皮，他就去同老虎商量，要剥它的皮。这个人的话还没有说完，老虎就没命地逃入了崇山峻岭。又一次，这个人想办一桌主要用羊肉做材料的丰盛的宴席，便去和羊商量，要割它的肉，同虎一样，羊也一个个地躲进了密林深处。就这样，这个人没有办成一桌羊肉酒席。

　　"老虎啊老虎，我能剥你的皮吗？""羊啊羊，我能割你的肉吗？""有钱人的央求并没能获得老虎和羊的回应，结果一个逃入了崇山峻岭，一个躲入了密林深处。并不是老虎和羊太狠心，只是有钱人过于自私。剥了皮，割了肉，它们还能活吗？寓言中的有钱人只想得到自己梦寐以求的皮袍和美食，却忽略了对方的利益需求，这是其挫败的根本原因。在这个有钱人的处世观念中充斥着浓浓的自私与利己。只因为想做个皮袍子，办桌丰盛的宴席就不惜剥别人的皮，割别人的肉。为满足自己的虚荣，而让别人付出沉重的代价。这种观念根本就恨不能把天下所有的东西都供我驱使的极端自私主义思想，这样的人注定失败。

　　古希腊有一句话说："自私是一切天然与道德的罪恶根源。"

　　一位虔诚的教徒受到天堂和地狱问题的启发，希望自己的生活过得更好，他找到先知伊利亚。

　　"哪里是天堂，哪里是地狱？"伊利亚没有回答他，拉着他的手穿过一条黑暗的通道，来到一座大厅，大厅里挤满了人，有穷人，也有富人，有的人衣衫褴褛，有的人珠光宝气。在大厅的中央支着一口大铁锅，里面盛满了汤，下面烧着火，整个大厅中散发着汤的香气。大锅周围挤着一群两腮凹进，带着饥饿目光的人，都在设法分到一份汤喝。

但那勺子太长太重，饥饿的人们贪婪地拼命用勺子在锅里搅着，但谁也无法用勺子盛出来，即使是最强壮的人用勺子盛出来，也无法把汤靠近嘴边去喝。有些鲁莽的家伙甚至烫了手和脸，还溅在旁边人的身上。于是，大家争吵起来，人们竟挥舞着本来为了解决饥饿的长勺子大打出手。先知伊利亚对那位教徒说："这就是地狱。"

他们离开了这座房子，再也不忍听他们身后恶魔般的喊声。他们又走进一条长长的黑暗的通道，进入另一间大厅。这里也有许多人，在大厅中央同样放着一大锅热汤。就像地狱里所见的一样，这里勺子同样又长又重，但这里的人营养状况都很好。大厅里只能听到勺子放入汤中的声音，这些人总是两人一对在工作：一个把勺子放入锅中又取出来，将汤给他的同伴喝。如果一个人觉得汤勺太重了，另外的人就过来帮忙。这样每个人都在安安静静地喝。当一个人喝饱了，就换另一个人。

先知伊利亚对他的教徒说："这就是天堂。"

心胸狭隘的自私鬼都在地狱中。因为自私不懂得分享的美好，无论如何谁也喝不到汤。如果你自私，就只能下地狱，挥舞大勺和其他的自私鬼们争斗，大打出手，可你们谁也喝不到汤。这就是自私者的结局，实在是可怜。

人与人本来应当彼此帮助，彼此顾念，这样才能发生感情和友谊。如果一个人只顾自己的好处，就足能招来别人的厌烦和恶感，何况人一存自私的心不但不顾别人，还要夺取别人的好处归于自己，在这种情形之下，他会做各种损人利己的事，不用说受过他损害的人要厌恶他，就连未曾受过他损害的人也厌恶他。

一个人如果常自私地想别人应当爱他，他得了别人的恩惠一定不知道感激，而且还常会对别人发出不满意的态度和言语来，责怪别人待他不好。他总觉得别人照他所希望的好好对待他，不过是别人当尽的本分。如果别人不能成为他所希望的那样好，他便觉得别人亏负他，对不住他。这样的人对任何人都不满意，没有好感，纵使别人竭力地爱他，也不会使他满足感恩。这种人的自私是无止境的。请问谁能喜欢与这种人同处、与这种人相交呢？

一个人若不愿意做这种讨厌的人，就当想到自己本没有权

利要求别人的爱，而应该首先去爱别人。无论是家中的人，是
朋友，是邻舍，是同学，是同事，是亲戚，我们总不该要求别
人的爱，我们应该学会不要太自私。别人为我们做了什么事，
不论是大是小，是多是少，我们都应当表示谢意。一个人如果
这样做了，就很容易获得周围人的欢迎，得到别人的关爱。

不随波逐流

　　　世界上没有完全相同的两片树叶，你有你的特色，我
有我的色彩。任何时候都不要因为自己与别人的不同，或
者潮流的席卷就随波逐流，迷失自己。

　　现实世界的丰富多彩有着巨大的诱惑力，为了跟从时尚而
不断地变化自己的位子是可笑也是可悲的。

　　即使那些最富有思想的哲学家们有时也会说："我是谁？
我从哪里来？我又要到哪里去？"事实上，这些问题从古希腊开
始，人们就一直在问自己，却一直都没有得出令人满意的答案。

　　但即使如此，人们都从来就没有停止过对这个问题的追
寻。也许正是因为如此，人们才会迷失自我，也很容易受到周
围各种信息的暗示，并把他人的言行作为自己参照的目标。

现实中的从众心理就是一个很好的证明。生活中的我们经常会受到别人的影响——那些一个接一个打哈欠现象就是很好的例子。也许你还记起童年时，我们看见和自己同龄的小伙伴有一件漂亮的连衣裙就会回家缠着父母给自己也买一件；看见别的小朋友有零花钱就希望自己也有一定的资金支配权。等长大了，这种人性的特点也依然存在，并且有的人会愈演愈烈。这就必然导致有的人在不断跟从中迷失自己。

在日常生活中，人既不可能每时每刻去反省自己，也不可能站在局外人的角度来审视自己。正因为如此，个人便需借助外来信息来认识自己。个人在认识自我时很容易受外界信息的暗示，从而不能正确地知觉自己。

有一位心理学家用一段笼统的，几乎适用于任何人的话让大学生判断是否适合自己，结果绝大多数大学生都认为这段话对自己刻画得细致入微，准确至极。

下面有一段心理学家使用的材料，你觉得是否也适合你呢？

你很需要别人喜欢并尊重你。你有自我判断的倾向。你有许多潜力，但并没有完全被发掘出来。同时你也有许多缺点，不过你一般可以克服它们。你与异性交往有一定困难，尽管你表面上看起来很从容，其实你内心焦虑不安。你有时会怀疑自己所做的决定是否正确。你喜欢生活有些变化，厌恶被别人限制。你以自己可以独立思考而自豪，别人的建议如果没有充分的证据你不会接受。你认为在别人面前过于坦率地表露自己是不明智的。你有时外向、亲切、好交际，而有时却内向、谨慎、沉默。你的有些抱负往往不够现实。

　　看过这一段话，你也许会深刻地体会到你自己很适合被给予这样的评价。其实，这是一顶戴在谁的头上都适合的帽子。

　　一名著名的杂技师肖曼·巴纳姆兹阿评价自己的表演时说，他的节目之所以大受欢迎，是因为他的节目里每一分钟都包含了人们喜欢的内容，它可以使得每一个人都"上当受骗"。人们认为一种很笼统、很一般的人性描述十分准确地揭示了自己的特点，心理学上讲这种倾向称为"巴纳姆效应"。

　　巴纳姆效应在生活中很常见，就以算命的来说吧，很多人在请教过算命先生之后都认为算命先生说得很准。其实，那些求助于算命先生的人本身就很容易受到别人的暗示。因为当一个人情绪低落、失意时，本身对生活的控制力就会大大减弱，于是安全感也会随着减弱。此时的人心理的依赖性会大大增

强，很容易受到别人的心理暗示。假设那个算命先生很会揣摩
人的心理，见机行事，稍微能够理解求助者的感受，求助者就
会感到一种心理上的安慰。算命先生再说一段无关痛痒的话就
会给予求助者一点儿信心，求助者就会深信不疑。

生活中，很多人都会在模仿和跟随中迷失自我，所以无法
成就最好的自己。我们要做的是，千万不要随波逐流，我们要
充分认识自己，走适合自己的路，也只有这样才能练就最好的
自己，成就属于自己的辉煌。